학교숲 정원 이야기

학교숲 정원 이야기

초판 2쇄 인쇄	2023년 11월 02일
초판 2쇄 발행	2023년 11월 15일

신고번호	제313-2010-376호
등록번호	105-91-58839

지은이	이학송

발행처	보민출판사
발행인	김국환
기획	김선희
편집	이상문
디자인	김민정

ISBN	979-11-6957-067-1	03980

주소	경기도 파주시 해올로 11, 우미린더퍼스트@ 상가 2동 109호
전화	070-8615-7449
사이트	www.bominbook.com

- 가격은 뒤표지에 있으며, 파본은 구입하신 서점에서 교환해드립니다.
- 이 책은 저작권법에 의하여 보호를 받는 저작물이므로 무단 전재와 복사를 금합니다.

기 후 위 기 시 대
학교숲 정원 이야기

이학송 지음

20여 년 동안 필자는 전국의 초, 중, 고등학교를 찾아
저마다 개성을 가진 학교숲 정원들을 소개하고 있다.

머리말

기후위기 시대
학교숲 정원이 필요하다

우리나라의 초, 중, 고등학교는 자연 생태환경이 녹지환경이 좋은 대학교나 공원과 비교하면 열악한 편이다. 더군다나 상대적으로 좁은 교실 중심 활동을 12년이나 하는 이 시절에 생태 감성이 어떻게 형성될까?

대한민국 초, 중, 고 학교 홈페이지 발자취에는 교육감상 수상이나 교실환경 개선, 시범학교 운영 등은 있으나, 학교숲이나 정원, 역사적 의미 있는 학교 노거수 이야기는 거의 없다. 교목과 교화가 있지만, 구성원이 모르는 경우가 대부분이다. 교목과 교화도 천편일률이라 차별성이 거의 없다. 교육정책도 성적과 시설 위주 이야기뿐이다. 아이들이 좋아하고 감수성, 정서에 매우 중요한 학교 정원 이야기는 아예 관심이 없다. 환경문제, 기후위기가 대세인 현실과 동떨어진 생각이다.

최근 대한민국은 빠른 경제적 성장을 통해 많은 변화를 가져왔는데, 교육현장에서는 교실의 여유, 교실환경 개선으로 석면 제거, 조명시설 개선, 먹는 물 검사관리, 공기질 측정 등 놀라운 진화를 하고 있다. 체육관과 도서관, 급식소, 다목적관 등이 거의 완성되었다. 학교 운동장도 인공잔디 보급률이 상당히 높아지고 있다. 과거에는 상상 못할 엄청난 교육예산이 투입되고 있다. 여기서 자연환경 부분을 살펴보자.

과거 학교 울타리와 운동장 주위 나무 식재와 화단 중심에서 서서히 정원 문화로 바뀌어가고 있다. 시민단체인 생명의 숲에서 20여 년 전 학교숲 조성사업을 시작으로 산림청의 학교숲 정책, 지방자치단체 등에서 학교숲 조성을 본격적으로 한 지 20여 년, 최근에는 교육청에서도 학교숲에 관심을 두기 시작했다. 산림청에서는 2021년부터 운동장 전체 녹화형 숲 조성도 시행 준비를 마쳤다.

　　이제는 학교와 교사, 학부모들의 인식변화가 있어야 한다. 오늘날 많은 정보와 교육과정의 일반화 등으로 학업에 관해서는 높은 수준에 도달해 있다. 이제는 아이들이 12년 이상 생활하는 학교환경, 특히 자연환경이 대폭 바뀌어야 한다는 사실이다.

지구의 앞날이 바로 앞도 예측할 수 없는 기후위기 시대이다. 미세먼지 차단, 더위와 추위 등 기후변화에 따른 쾌적한 환경을 위해 학교숲, 학교 정원의 수준이 상당히 높아져야 한다. 날림먼지, 미세먼지, 황사 등을 막아줄 학교숲, 불볕더위를 식혀줄 그늘막 학교숲, 직선이 아닌 곡선이 자연스러운 학교 정원이 필요하다. 봄부터 여름, 가을, 겨울까지 계절의 맛을 맘껏 누릴 수 있는 나무와 꽃들이 어울려야 한다. 학교마다 연못과 수생식물이 필요하다.

"자연에 대해 경이로움을 어린 시절부터 느끼게 해야 한다는 점을 강조합니다. 그게 자연과 더불어 살아가는 바탕이 된다는 것입니다. 자연을 아는 것은 자연을 느끼는 것의 절반만큼도 중요하지 않습니다." (레이첼 카슨)

아이들이 자연을 느낄 수 있는 가장 좋은 방법이 학교숲이다. 많은 시간을 보내는 학교에서 나무를 안아보고 꽃의 향기를 맡아보는 환경이 만들어져야 한다. 운동장의 절반이라도 숲을 만들면 얼마나 좋을까? 인조잔디 운동장이 아이들에게 필요한가? 맘껏 뛰어놀며 자연을 체험하는 숲이 좋은가? 이런 의문을 가져보자.

'공간이 의식을 결정한다'(김정운 문화심리학자)라는 말에 공감한다. 사람은 사는 주위 환경, 머무르는 공간에서 사고방식이 결정된다는 이 말의 의미를 깊이 생각해본다. '학교 건축은 교도소이다'(어디서 살 것인가, 을유문화사 유현준 교수)는 말도 엄청난 충격이었다. 한편으로 생각하면 맞는 말이다. 이제 우리 아이들이 자라는 환경에 신경 써야 할 때이다.

최근에는 도시에서 대형빌딩을 중심으로 인공지반 숲들이 빠른 속도로 이뤄지고 있다. 지하철 등 실내에도 습도 조절과 공기 정화를 위한 벽면 숲이 만들어지고 있다. 학교도 옥상 텃밭, 옥상녹화, 교실, 복도 등 실내 식물 키우기가 절실하다. 도심의 몇몇 학교에서는 이미 시작한 지가 오래되었고 좋은 반응을 얻고 있다.

　학교숲이 잘 조성되면 학생들은 일상에서 다양한 생태체험을 할 수 있다. 한 해에 한두 번 가는 식물원보다 매일 체험할 수 있는 학교숲이 최고의 교육현장이다.

　필자는 20여 년 동안 전국의 초, 중, 고등학교 학교숲을 찾아다녔다. 초기에는 학교숲 정원 우수사례를 벤치마킹하기 위해서 주로 다녔지만, 후반기에는 학교숲 조성 심사나 모니터링, 산림청 학교숲 심사 등으로 다녔다.

　또한, 지금도 학교숲이 좋은 학교를 찾기 위해 전국을 쉬지 않고 찾아다닌다. 전국의 많은 학교는 저마다 개성을 가진 아름다운 학

교숲 정원을 가지고 있고 이번에 미처 소개하지 못한 훌륭한 학교숲도 매우 많을 것이다. 아쉬움이 많지만 우선 용기를 내어본다. 이 책에서는 두세 번 이상 다녀온 학교를 중심으로 소개한다. 앞으로 기회가 된다면 이번에 싣지 못한 학교숲도 차례로 소개하고 싶다.

- 2023년 8월

저자 **이학송**

목차

머리말 • 4

● **제1장. 숲정원이 진리이다**

01. 재미있는 숲속 교실 태안군 근흥중학교 • 16
02. 난대식물원 같은 느낌 서귀포시 온평초등학교 • 23
03. 숲이 좋아 인재를 많이 배출한 서울시 경복고등학교 • 27
04. 울창한 숲속 교실 홍천군 강원생활과학고등학교 • 31
05. 추모 기념 이팝나무가 있는 광주시 효덕초등학교 • 35
06. 맨발 걷기 코스가 있는 경주시 감포초등학교 • 38
07. 어울림의 정원 부산시 장안중학교 • 43
08. 둥근 정원이 빛나는 광양시 다압중학교 • 47
09. 고로쇠나무와 물푸레나무가 맞이하는 파주시 적서초등학교 • 49

● **제2장. 차별화된 특성 있는 학교숲 정원**

01. 제주 중산간 생태계가 도시 속으로 내려온 시귀포시 서귀포초등학교 • 54
02. 아까시나무숲이 풍성한 서울시 숭문중고등학교 • 57
03. 둘레숲길 명소 서산시 대철중학교 • 61
04. 어린이 종합 숲속 놀이터 김포시 고창초등학교 • 64
05. 장기숲이 살아있는 포항시 양포초등학교 • 67
06. 솔빛고운수목원이 있는 인천시 송림초등학교 • 71
07. 숲속 포토존이 멋진 고양시 일산초등학교 • 76
08. 단풍나무길 정원 광주시 전남여자상업고등학교 • 80
09. 쉬는 시간은 숲속 놀이터에서 부산시 가야초등학교 • 83

● **제3장. 지역주민의 행복 옹달샘 학교숲 정원**

01. 주제별 테마 정원이 빛나는 숲 남양주시 광동중학교 • 86
02. 나한송이 멋진 제주시 함덕초등학교 • 92
03. 도심 속의 학교숲 서울시 돈암초등학교 • 95
04. 숲속 체험교육의 원조 충주시 목행초등학교 • 99
05. 상록수 가득한 창원시 월영초등학교 • 103
06. 마을 주민과 졸업생이 만든 정원 밀양시 예림초등학교 • 106
07. 매실나무 가득한 정원 광주시 동성여자중학교 • 109
08. 운동장이 숲이 되다 부천시 소명여자고등학교 • 112
09. 도심 빌딩 숲속의 작은 생태 녹지 서울시 성동글로벌경영고등학교 • 116

● **제4장. 주민과 함께 나누는 학교숲**

01. 북한산 자락 생태환경이 좋은 서울시 진관초등학교 • 120
02. 칠자화나무 가득한 광주시 서석고등학교 • 124
03. 마을과 하천을 품은 학교숲 제주시 남녕고등학교 • 128
04. 중앙 정원의 모범 창원시 남산중학교 • 130
05. 숲이 고즈넉한 봉화군 물야초등학교 • 134
06. 마을과 하나 된 숲속공원 대전시 성남초등학교 • 137
07. 노간주나무 으뜸 울산시 울산여자상업고등학교 • 140
08. 학교숲 자부심 가득한 수원시 원일초등학교 • 143
09. 숲속 산책길 정원이 좋은 서울시 국립서울농학교 • 147

● 제5장. 나의 사랑하는 모교여!

01. 오름 속의 숲정원 제주시 송당초등학교 • 152
02. 능소화 가득한 광주시 광덕고등학교 • 155
03. 용버들 실개울이 정겨운 수원시 수일여자중학교 • 158
04. 세서도 배롱나무 무성한 구례군 구례중학교 • 162
05. 둘레길이 아름다운 서울시 화랑초등학교 • 165
06. 주제 정원이 빛나는 인천시 구월서초등학교 • 170
07. 낙엽을 밟고 뛰노는 아이들 영천시 임고초등학교 • 172
08. 도심의 풍성한 숲 서울시 서울고등학교 • 178
09. 그윽한 평화 그 자체 평화공원 의정부시 경기도교육청 • 181

● 제6장. 소나무숲이 빛나는 학교숲

01. 풍성한 소나무숲 강릉시 강릉고등학교 • 186
02. 기청산식물원과 포항시 청하중학교 • 190
03. 소나무 숲속의 학교 포항시 흥해서부초등학교 • 193
04. 솔숲이 자연학습장인 해남군 북일초등학교 • 196
05. 반송이 줄지어 빛나는 학교 서울시 경기상업고등학교 • 199
06. 솔숲 밧줄 놀이터 남원시 주생초등학교 • 203
07. 연못과 어우러진 소나무 경산시 하양초등학교 • 206
08. 마을과 하나 되는 소나무숲 평택시 동방학교 • 209
09. 푸근한 솔숲 서산시 인지초등학교 • 211
10. 탄소 중립을 위한 도시숲 청암중고등학교 • 213

제7장. 농업학교의 멋진 전통

01. 호남원예고등학교 • 216
02. 동래원예고등학교 • 218
03. 유성생명과학고등학교 • 220
04. 청주농업고등학교 • 222
05. 수원농생명고등학교 • 225
06. 풀무농업고등학교 • 228
07. 천안제일고등학교 • 232
08. 공주생명과학고등학교 • 235
09. 제주고등학교 • 237
10. 남원용성고등학교 • 241

제8장. 나는 유명한 나무이다

01. 느티나무 한 그루 숲 담양 한재초등학교 • 245
02. 함양초등학교 학사루 느티나무 • 249
03. 느티나무 숲속 교실 대구제일여자상업고등학교 • 252
04. 가장 장엄한 개잎갈나무는 강릉중앙고등학교에서 산다 • 255
05. 마산여자고등학교 정문을 지키는 개잎갈나무 • 258
06. 최제우나무 대구시 종로초등학교 회화나무 • 262
07. 태풍을 이겨낸 근흥초등학교 회화나무 • 265
08. 회화나무 그늘 드리우다 자인초등학교 • 267
09. 운동장 한가운데 은행나무 괴산군 청안초등학교 • 270
10. 역사가 있는 아산시 영인초등학교 은행나무 • 273

● **제9장. 가치 있는 자연문화유산 학교의 나무**

01. 왕버들이 장엄한 도개초등학교 • 276
02. 미국 대통령 오바마의 마음이 담긴 태산목 안산단원고등학교 • 278
03. 현풍초등학교의 오래된 종가시나무 • 281
04. 와룡매가 장관인 김해건설공업고등학교 • 283
05. 플라타너스 멋진 경기도 광주시 분원초등학교 • 285
06. 뉴턴의 사과나무는 서울과학고등학교에서 자란다 • 287
07. 등나무 보호수 한 그루가 매력인 서산시 운산초등학교 • 289
08. 순천공업고등학교의 오래된 녹나무 노거수 그늘 • 291
09. 특색 있는 나무들이 있는 학교숲 • 294
10. 이제는 다양한 나무 심는 변화의 시대 • 300

● **제10장. 학교는 떠났지만, 그 자리에 나무는 남는다**

01. 손기정 기념공원이 된 양정중고등학교터 • 304
02. 폐교가 새 생명으로 살아나 울산 들꽃학습원 • 307
03. 부산 산림교육센터로 변해서 더 많은 사람이 찾는 윤산중학교터 • 312
04. 경기고등학교 떠나고 정독도서관이 남다 • 314
05. 복지겸 딸이 심은 은행나무는 천연기념물로 • 317

참고자료 • 321

제1장

숲정원이 진리이다

재미있는 숲속 교실
태안군 근흥중학교

　근흥중학교는 학교 전체가 잘 기획된 아름다운 식물원 같다. 우리나라에서 이렇게 자연 생태환경이 아름답고 품격 있는 학교가 있다는 사실에 많은 감동을 하였다. 학교 정문을 통해 들어서면 천연 잔디와 본관 앞의 나무 군락들이 한눈에 들어온다. 마을과 학교를 구분 짓는 것은 담이 아니라 대나무숲이다. 본관 뒤편 생태 쉼터로 올라가는 길부터 예사롭지 않다. 눈향나무와 마삭줄이 바닥을 뒤덮은 소담한 길부터 예사롭지 않은 느낌이 왔다. 개미취, 미국 낙상홍 열매, 적하수오 열매, 무늬 병꽃나무 잎, 호장근 열매, 흰작살나무 붉은 열매가 가을 잔치판을 즐기고 있다.
　깊어져 가는 가을 속에 곳곳에 자라는 검양옻나무 붉은 단풍들이 눈에 확 들어온다. 더 높은 가을 푸른 하늘은 해송들이 둘러싸고 있다. 탁 트인 넓은 공간에 농구선수처럼 키 큰 홍가시나무가 주인공

이다. 주위에는 붉은색 피부를 가진 배롱나무가 몸을 비비 꼬며 곳곳에 서 있다. 홍가시나무 4그루는 지금까지 본 중에 가장 수형도 좋고 키도 커서 깜짝 놀랐다.

숲속에는 옹달샘 같은 물이 흐르고 흘러 크고 작은 연못을 이루고 있다. 수련만 자라는 연못도 보이고 물수세미만 가득한 작은 습지도 보인다. 여름에 오면 또 다른 모습일 것이다. 물은 계속 흘러가며 비오톱 역할을 잘하고 있다. 크고 작은 연못 주위는 바위취들이 초록 융단을 깔고 있다. 학교 뒤편에 야외공연장 같은 멋진 정원은 이 학교의 주인공 아이들 숲속 교실이다.

중부권에서 보는 가장 키가 큰 홍가시나무이다. 제주도나 남쪽

지방에서도 이 정도로 풍채가 좋은 것을 본 적이 없다. 잎 끝이 마치 꽃을 피운 것처럼 붉게 단장하여 봄부터 겨울까지 늘 숲속 교실을 밝게 지키는 정열의 나무이다. 사철나무도 큰 키로 숲속 교실의 수호꾼이다. 그러고 보니 근흥중학교 학교숲에서는 어떤 나무이든 고정관념을 깨고 잘 자라고, 잘 살고 있다. 있는 듯 없는 듯 그야말로 자연스럽게 어울려 있다.

학교 벽면은 양쪽 모두 덩굴식물로 잘 녹화되어 있어 사시사철 푸르름을 자랑한다. 여름의 불타는 더위도 식혀주고, 차가운 겨울 공기도 막아주는 풍성한 솜이불이다. 늘 푸른 아이비, 담쟁이덩굴, 인동덩굴, 능소화 등이 얽히고설켜 함께 어우러져 있다. 시각적으로도 녹색 커튼을 보는 것 같아 마음이 편안해진다. 다른 학교에서도 벽면 녹화를 많이 해서 학생의 정서에 도움 주기를 바란다.

거위들의 집, 닭들의 집, 개가 사는 집도 나란히 이웃하고 있다. 아이들은 이곳 동물 가족을 무척 좋아한다고 한다. 팽나무가 정자목으로 우뚝하고 무엇보다 나무들이 우거진 숲속에는 정갈한 오솔길이 숨어있어 좋았다. 대왕참나무는 붉은 물이 들어가고 이미 부끄러움을 극대화한 검양옻나무 단풍이 현기증을 불러온다.

겨울에도 개잎갈나무와 상록인 금목서, 은목서, 동백나무, 대나무 등으로 녹색이 풍성하다. 1월 중순에 찾았을 때는 납매가 옅은 노란빛 꽃을 만발하여 짙은 향기를 내뿜고 있다. 철마다 다른 주인공들이 차례로 빛나고 있는 정원이다. 금목서 피고 나면 은목서 피고, 겨울이다 싶을 때 납매와 동백나무가 꽃을 피운다. 이 모든 것이 완벽한데도 주인공이 되어야 할 학생들이 너무나 적고 점점 줄어들어 아쉬울 뿐이다.

학교에 이 정도의 정원이 있기에는 필연적인 인과가 있으리라 판단하고 알아보았다. 이 멋진 정원의 탄생은 고향 태안군을 사랑하는 최기학 교장선생님이 그 주인공이다. "아름다운 환경에서 아름다운 생각이 싹튼다"라는 지론으로 자연 속에서 공부하는 학교환경을 만드는 일에 정성을 쏟은 최기학 교장선생님의 땀과 열정이 오롯이 살아있다. 그리고 가까운 천리포수목원의 지원과 학부모들의 자발적 협조 등이 따라주었다고 한다.

2016년 국립수목원이 선정한 '가보고 싶은 정원 100' 리스트에 올라 전국적인 조명을 받았다 한다. 계곡에서 흘러내리는 생태연못은 마치 다단계 논처럼 여러 개가 형성되었다. 이 연못 조성 기법과 벽면 녹화 공법은 특허를 내라는 권유도 받았지만 널리 공급한다는 생각에 마음껏 사용하라고 했다는 말씀에 정원을 사랑하는 최기학 교장선생님의 넓은 마음을 배울 수 있었다.

선생님은 근무하는 학교마다 멋진 학교숲을 남기고 퇴임 후 나무의사로 활동하며 충남교육청 생태학교 전문가로 여전히 학교숲 활동을 지원하고 있다. 근흥중학교는 유일하게 식물원 등록을 권유받기도 했다. 학교는 식물과 동물이 어우러진 생태계의 축소판을 보는 느낌이다. 천연잔디가 깔린 시원한 운동장과 500여 종의 나무와 초본 식물들이 조화로운 숲을 이루고 있다. 오솔길이 제일 잘 만들어진 정원이다. 대부분 숲을 조성하면 가운데 길이 잘 없다. 학교 본관 앞 화단이나 울타리 숲들도 중간에 거의 길이 없다.

하지만 근흥중학교 본관 앞 숲이나 마을 경계, 큰 길가 경계 숲에는 숨어있는 멋진 오솔길이 있다. 이 부분이 제일 매력이 있다. 나도 광동중학교 학교숲을 조성할 때 다양한 굽은 길을 만들었던 추억이 생각난다. 하지만 근흥중학교 정원 오솔길은 압권이다. 앞으로 많은 학교숲, 학교 정원을 만들 때 근흥중학교 정원을 모델로 삼았으면 좋겠다.

생태계 완성을 위한 습지나 연못은 도시의 학교 정원에서 꿈꾸지 못하는 부분이다. 인천 구월서초의 연못은 모기가 많다는 민원으로 시달렸고 한양대학교 건너편에 있는 덕수고등학교를 비롯한 많은 학교 정원의 연못은 사라져버렸다. 근흥중학교 습지는 숲속에서 흘러나오는 계곡물을 아래로 흘러가게 만들어 여러 모양의 물구덩이를 만들었다. 수련만 키우는 손바닥 연못, 여러 수생식물이 어우러진 앙증맞은 연못, 졸졸 흐르는 미나리꽝 등이 곤충들과 새들에게 좋은 서식환경을 갖추고 있다. 이렇게 높이를 이용한 자연스러운 습지는 생태환경에는 매우 좋은 환경이다.

본관 앞 바다를 맘껏 바라보게 만든 널뛰기와 그리운 사람과 함께 흔들리며 바다에 빠져드는 흔들의자도 백만 불짜리 화제 주인이다. 봄에 난 잎이 세 번이나 화끈하게 변해 사람을 놀라게 하는 삼색 참죽나무도 많이 보인다. 이 나무는 유독 태안반도 일대에서 자라며 그 이름값을 제대로 하지만 다른 지역으로 가면 그렇지 못하다고 한다.

숲속 곳곳에서 자라는 검양옻나무 단풍은 가을에 짙게 타오른다. 불타오르는 모습은 세상 어느 나무의 단풍물보다 확실하게 강하다. 어떤 사연이 있는지 몰라도 처연하게 불타오른다. 모여있으면 오히려 눈에 거슬리겠지만 한 그루씩 뽐내는 개인기가 더욱 멋지다. 학교숲을 두 번째 방문했을 때는 한겨울인 1월 25일이었다. 동백나무 꽃을 기대하고 찾았는데 아직은 개화가 이르다. 생각지도 않은 납매가 은은한 향기로 반긴다. 향기가 아니었다면 그냥 지나칠 수 있었다. 마치 마른 낙엽들이 매달린 것처럼 보여서. 후각이 살아나서 향기를 따라 눈이 간 곳에는 은은한 미색의 납매 꽃들이 있는 듯 없는 듯하면서도 공간을 가득 채우고 있다.

이 외에도 홍가시나무, 마삭줄, 눈향나무, 미국 낙상홍, 동백나무, 금목서, 은목서, 팽나무, 적피배롱나무, 수생식물, 바위취 등이 어우러진 자연 그대로의 모습을 간직한 식물원 같은 학교숲이다. 근흥중학교 학교숲의 다양한 나무 중에서도 도드라진 특색과 지역 특성을 잘 보여주는 나무는 삼색참죽나무, 검양옻나무, 동백나무, 금목서, 은목서, 납매, 홍가시나무 등이 있다. 특히 금목서, 은목서, 홍가시나무는 우리나라 북방한계선이다. 해양성 기후 덕분에 태안군이 가능한 것이다. 수형도 좋고 잘 자라고 있어 보기 좋다.

난대식물원 같은 느낌
서귀포시 온평초등학교

학교가 있는 온평리는 제주인의 혼인지 마을이다. 학교 정문으로 들어서면 보이는 외곽 숲과 천연잔디, 학교 본관 앞의 정원이 잘 어울려 한 폭의 그림 같다. 하지만 숨은 보배 정원이 따로 있다. 정문 옆 마을길 가운데 있는 후문이 열운이 동산 입구이다. 열운이 동산은 녹차동산, 열매동산, 약용식물 동산 등 6개의 테마공원으로 이뤄진 2,000여 평의 숲동산이다.

열운이는 온평마을의 옛 이름으로 연 곳, 맺은 곳이라는 뜻으로 탐라국의 개국 신화와 연결된다. 열운이 동산 입구에서부터 기다란 연못과 나무데크로 잘 꾸며져 있다. 평지가 아니라 약간 언덕 구릉을 오르며 조성되어 있어 감칠맛이 난다.

연못을 중심으로 한 수생태계와 소나무숲 동산, 히어리, 석류, 태산목 등이 있는가 하면 차나무밭, 하귤, 당종려, 나한송[1], 금송, 목서 등이 어우러져 있다. 중간에 넓은 텃밭도 함께 있어 선생님과 아이들이 농작하기도 한다. 본관 앞 화단에도 태산목, 나한송, 소철[2] 등이 멋지게 크고 있어 오랜 연륜을 보여준다.

나한송은 멋진 수형으로, 소철은 몸통에 열매를 가득 품은 장엄한 모습으로 정원을 압도한다. 운동장에는 천연잔디가 시원하게 펼

---

1 나한송 : 중국 원산지이나 2015년 신안 가거도 독실산에서 자생하는 3그루의 나한송이 발견되었다. 잎이 깨끗하고 수형이 좋아서 실내 화분으로 인기 좋다.
2 소철 : 제주도와 남부지방 해안가에서 볼 수 있다. 나머지 지역에서는 온실이나 베란다 화분으로 많이 키운다. 상록성 작은 키 나무로 열매는 밤나무 열매처럼 생겼으며 중간에 켜켜이 달린다.

처지고 마을과 경계를 이루는 구실잣밤나무와 참가시나무들도 장군들 마냥 열을 지어 서 있어 한 폭의 그림 같다. 실제보다 훨씬 넓고 시원하게 보이는 운동장 풍경은 한라산 하늘과 학교숲 나무 군락이 보여주는 환상일까?

학교 앞을 지나는 1132번 도로와 학교 경계를 이루며 동산처럼 높게 조성해서 학교 안이 보이지 않게 되어 있다. 그 높은 언덕에 우뚝 서 있는 팽나무의 위엄이 더욱 빛난다. 앞 공간과 뒷공간을 자연스럽게 빛나게 하는 신비한 공간이다. 팽나무 아래쪽으로는 털머위와 바위취가 군락을 이뤄 꽃이 피면 더욱더 장관이다.

온평초등학교는 1946년 개교 이래 점차 전교생이 줄어들었다. 총 99명에서 점차 줄어들어 2010년에는 다른 학교와 통폐합될 예정이었다. 그러나 이 학교 졸업생이 교감선생님으로 부임하면서 학교 살리기 운동의 일환으로 학교숲 조성사업을 시작하게 되었고 2005년부터 3개년 계획으로 '학교숲 조성사업'을 전개하여 교직원과 학생은 물론 지역주민과 동문까지 동참하여 7,000여 ㎡에 이르는 교지를 총 7개의 주제 공간으로 가꾸어 생태체험 학습장과 마을 쉼터로 활용하고 있다.

또한 지역특산 약용식물이나 녹차 등을 재배하여 아이들을 위한 자연생태 체험학습장으로 이용하고 있다. 지역주민들은 학교 내의 팔각정자와 연못, 지압로 등의 시설을 이용하며, 지역청년회는 방과 후 학교 교실을 운영함으로써 학교와 지역 사회가 지역공동체를 이루고 있다. 이제 온평초등학교는 학교숲 가꾸기 사업을 통해 폐

교의 위기에서 오히려 지역 활성화의 거점으로 활성화했다는 좋은 사례를 남기게 되었다. (생명의숲 홈페이지)

열운이 초록동산은 제주도의 유명한 생태 정원가 더가든 김봉찬 대표의 설계로 조성되었다. 김봉찬 대표는 서귀포시 신효동에 만병초 농원과 중산간 지역 특색을 살린 정원 카페 베케를 운영하며 정원교육도 활발하게 하고 있다. 백두대간수목원 등 전국 주요 수목원에 김봉찬 정원가의 작품이 있다. 서귀포초등학교 학교숲도 김봉찬 대표의 설계이다. 서울에는 성수동 아모레 성수 정원이 대표 작품이다.

김봉찬 대표는 당시에 유행하는 식물들을 심거나 편의적인 정원이 아니라 토양과 기후 등 그 지역에 잘 살 수 있는 나무와 꽃들을 심는다. 그래서 너무나 자연스럽고 원래 그 자리에 있던 정원처럼 보이는 특성이 있다. 온평초등학교, 서귀포초등학교의 숲은 그런 의미에서 매우 뛰어난 학교 정원이다. 온평초등학교 열운이 동산은 2007년 제8회 아름다운 숲 전국대회에서 학교숲 부문 수상을 하였다.

숲이 좋아 인재를 많이 배출한
서울시 경복고등학교

경복고등학교는 교정이 넓고 곳곳에 정원이 잘 가꿔져 있고 좋은 나무들이 매우 많다. 교문을 들어서면 은행나무가 반긴다. 꾀꼬리 동산 지나서 본관 정원으로 들어서기 전 오른쪽에 위엄 가득한 느티나무가 있다. 이 느티나무는 보호수로 수령이 605년으로 추정된다.

야외공원에도 종로구 아름다운 나무로 지정된 수령 290여 년 되는 느티나무가 있다. 회화나무와 참느릅나무도 수령이 290여 년 되는데 역시 종로구의 아름다운 나무이다. 꾀꼬리 동산의 소나무, 스텐드 위의 리기다소나무, 교문 옆의 스트로브잣나무, 구 3호관 옆의 전나무, 경복관 옆의 구상나무, 교문 앞의 은행나무(240년), 2호관 앞 정원의 화백나무, 1호관 앞 정원의 향나무, 구 강당 옆의 측백나무, 1호관 앞 교정의 주목 등이 전통과 역사를 자랑하는 경복고등학교 대표 수목들이다.

수종도 다양하고 수형도 잘생겼다. 다양한 분야에 다양한 인재를 배출한 학교의 특성을 보는 것 같다. 야외 교실 같은 정원 옆으로 대나무숲이 아담하고 좋다.

옛 기록에도 나오는 대은암 샘터가 있다. 본관 앞 정원에는 조선 후기의 화성(畫聖)으로 불리는 겸재 정선 집터 표석이 있고 그 외에도 효자 유지비석, 운강대 등의 조선시대 유물이 학교 곳곳에 있다. 학교 전체가 자연문화유산과 역사문화유산으로 가득하다는 사실에 자부심과 긍지를 가지게 된다.

학교숲에는 다양한 안내판이 있는데 그중에서도 학교숲 안내판과 교정의 수목 총목록이 압권이다. 60여 종 880그루 이상의 다양하고 많은 수목이 있다는 자부심 가득한 내용은 정말 자랑스럽다. 다른 학교들도 이런 점은 배워서 교정에 있는 나무들을 소개하면 좋을 것이다.

대운동장은 인조잔디로 되어 있어 일요일이면 조기축구회에서 축구를 한다. 운동장 주위는 은행나무 20여 주와 회화나무, 참느릅나무, 복자기나무, 단풍나무, 무궁화 등이 둘러싸고 있다. 학교 운동장이나 도시에서는 대부분 가로수처럼 한 줄로 심는 경우가 많다. 사람 중심이어서 홀로 서는 나무들은 여러 어려움이 많다. 경복고등학교처럼 운동장 주위도 한 줄 심기가 아닌 숲처럼 심기가 되어야 진정한 자연 체험이 가능한 것이다. 이곳에 사는 나무들은 더욱 잘 자라고 생태환경이 뛰어나다. 나무의 싱그러움이 확연히 느껴진다.

꾀꼬리 동산에는 칠엽수 6그루가 시원한 숲을 만들고 있다. 느티나무, 살구나무, 소나무, 나무 의자, 기증자 표시, 대나무숲 대은암 샘터도 어우러진 멋진 숲이다. 교내 곳곳에 기념식수가 많은데 이렇게 모교 사랑, 후배 사랑을 나무심기로 하는 운동이 전국적으로 퍼지기를 바란다.

특히 개교 100주년 맞이로 심은 주목과 65주년 기념식수 주목이 매우 건강하게 잘 자라고 있다. 여름에는 배롱나무가 붉은 꽃을 교정 가득 빛낸다. 졸업 기수별로 좋은 나무들을 모교에 기념식수하는 문화는 정말 모든 학교에 보급되면 좋겠다.

개교 기념석이나 조형물이 시간 지남에 따라 골치 아픈 존재가 되는 경우를 많이 본다. 오래된 학교의 경우 위인의 동상이 지나치게 많고, 여러 기념석이 낡고 무질서하게 많은 공간을 차지하고 있어 균형을 깨고 있다. 하지만 심은 나무는 해가 갈수록 조화롭게 자라 학생들과 교직원을 즐겁게 하지 않는가?

울창한 숲속 교실
홍천군 강원생활과학고등학교

강원도 홍천 남면에 자리 잡은 강원생활과학고는 양덕중학교와 한 울타리에 있다. 양덕상고로 개교해서 홍천정보고(2002), 강원생활과학고(2012)로 교명이 바뀌고 있다. 울창한 숲속 교실과 풍성한 숲속에 안겨있어 이상적인 숲속 학교이다.

정문에 들어서면 전나무가 보이고 드넓은 천연잔디 운동장 너머로 20여 주의 메타스콰이어 숲길이 푸른 하늘과 만나 시원하게 보인다. 본관 앞에는 특이하게 신갈나무, 갈참나무, 상수리나무, 굴참나무, 졸참나무가 주인공이다. 다른 학교에서 거의 볼 수 없는 강원생활과학고등학교의 특색이다.

우리나라 자생식물 중심으로 심겠다는 소신에 따라 참나무류를 본관 앞에 많이 심었다. 상수리나무는 그늘도 좋고 도토리도 많이 열려 학교에 잘 맞는 나무인데도 불구하고 실제 본관 앞쪽에 심는 경우는 매우 드물다. 그래서 더욱 반갑고 귀하게 보인다. 어떤 나무와 꽃을 심을 것인가를 고민하고 미래를 생각하는 슬기의 결실이다. 상업주의 중심으로 진행하면 가성비를 우선해서 수종이 단순하고 일률적으로 갈 수밖에 없다.

실제로 신도시 신설학교에서 너무나 형식적인 나무심기를 자주 본다. 준공 허가에 필요한 수준으로 저렴하고 특색 없는 공사에 그치는 장면이 안타깝다. 도시의 신설학교일수록 삭막하지 않게 학교 숲에 많은 비중을 두어야 한다. '학교는 교도소이다, 학교 건축이 가장 저렴하다'는 건축가 교수의 글을 보고 충격받은 경험이 있다. 이제라도 교육 행정의 우선순위를 바꾸어야 하지 않을까?

천연잔디 운동장 맞은편에는 팥배나무, 소나무 등이 잘 자라 건강한 숲을 이루고 있다. 본관 앞에는 10여 m 높이의 계수나무 한 그루가 빛난다. 본관에서 운동장 쪽으로 뻗은 소나무의 모습이 멋지다. 정문에서 들어오다 보면 꽃사과나무와 가시칠엽수가 맞이한다. 학교숲의 이름은 해들숲이다. 조성 당시 자생식물 중심으로 심고 생태연못인 어울못도 함께 만들었다.

학교가 들어오기 전 모래 지역이던 이곳에 연못을 만들고 아름다운 숲을 만들기까지는 몇 차례의 시행착오와 엄청난 노력이 있었다고 한다. 특히 이동진 교장선생님의 지혜와 노고가 매우 많았다. 소나무를 구해와서 심기까지의 노고와 애환, 다양한 경험 등을 알고 보면 보통 숲이 아님을 알 수 있다(생명의숲 10주년 연찬회 자료).

숲에는 왕벚나무, 느티나무, 야광나무가 보인다. 해들숲속에는 나무 의자가 군데군데 놓여있어 멋진 숲속 교실 역할을 하고 있다. 체육관 맞은편 소나무숲과 은행나무, 수양버들이 세월의 성상을 말해준다. 아름다운 학교환경을 지키고 보전하기 위하여 우리 학교에서 만든 '해들숲 헌장'을 소개한다.

해들숲 헌장

해들숲은 불모의 땅에 복원한 생명의 터전이며,

바람과 물소리, 새소리는 우리가 흘린 땀의 보람이다.

이 숲에서 삶을 배울 젊은이를 위해 다음과 같이 다짐한다.

① **해들숲의 생태계는 토종을 위주로 한다.**

② 학교는 숲의 생육과 보전을 위해 최선을 다한다.

③ 교사는 숲의 교육적 가치를 효과적으로 이용한다.

④ 학생은 숲을 아끼고 즐기며, 자연의 섭리를 배운다.

- 2002년 5월 13일
이동진 교장선생님 글 인용

추모 기념 이팝나무가 있는
광주시 효덕초등학교

광주광역시 남구에 있는 효덕초등학교는 1935년에 개교하였다. 아파트단지 쪽에 있는 학교 후문 쪽에는 남구청에서 용오름길 정원을 잘 조성해서 등하굣길 학생들에게 녹색환경을 선물하고 있다.

효덕동 주민센터 방향의 출입문으로 들어서면 병설유치원이 있고 암석원을 중심으로 상자 텃밭과 수생식물, 벼 등을 키우는 대형 화분들이 줄지어 있다. 암석원과 작은 정원에는 피라칸타 2주와 관목들이 어우러져 있다.

산림청에서는 해마다 학교숲 조성을 하는데 2013년에는 전국 158개 학교숲을 만들었다. 이중에 최우수 사례로 효덕초 중앙 정원에 있는 학교숲이 선정되었다. 건물과 건물 사이 중앙 정원인데 '희망나눔 작은숲'이라는 이름을 붙였다. 정원에는 효덕초등학교 동문 추모 식수 이팝나무가 있다.

돌에 새긴 글에는 '5.18 희생 학생 전재수님 추모 5.18민주화운동 기념사업'이라고 되어 있다. 바로 옆에는 효덕초등학교에서 2017년 5월 18일에 기념식수한 이팝나무 명패가 있다. 역사 기록과 함께 추모 기념식수라는 형식이 학생, 교직원, 주민들에게 교육적 가치가 있다. 앞으로 학교 정원에는 천연기념물 후계목이나 역사적 사실, 스토리텔링이 있는 나무를 많이 심으면 좋겠다.

운동장을 내다보고 서 있는 개잎갈나무 한 그루는 효덕초등학교의 교목이다. 나무를 보는 순간 경외심이 생긴다. 장엄하게 서 있는 모습에서 오랜 세월을 살아온 역사의 증인처럼 느껴진다. 나무 한 그루에서 풍기는 거룩함과 신비감을 어찌 쉽게 표현할 길이 없다. 개잎갈나무 한 그루가 학교 전체를 빛내고 있다. 어느 학교나 교목, 교화는 학교 홈페이지에 그 의미와 함께 설명하고 있다.

하지만 대부분 학교 현장에서 교목, 교화를 잘 알아볼 수 없고 있더라도 너무 평범해서 상징성이나 교육적 의미가 미약하기 그지없다. 그런 면에서 효덕초등학교는 교목을 잘 관리하고 상징성을 확실히 하고 있어 박수를 보내고 싶다. 누구라도 보면 관심을 가질 정도로 잘생긴 개잎갈나무는 효덕초등학교 역사와 전통을 한눈에 보여준다. 교육공동체 모두 학교에 대한 자부심을 가질 수 있는 장면이다.

맨발 걷기 코스가 있는
경주시 감포초등학교

경상북도 경주시 감포항을 끼고 있는 감포초등학교는 학교 정원의 완성체이다. 아이들이 생활하는 본관 앞에는 멋진 숲속 정원이

있다. 이 정원에서 가장 오래된 왕버들나무는 수령이 200여 년은 되어 보이는 고목이다. 약간 휘어져 자란 왕버들은 고상한 품위가 느껴진다.

주위에는 일본인 학교 시절부터 있던 오래된 향나무도 네 그루가 있다. 그리고 개잎갈나무(히말라야시다), 청단풍, 홍단풍, 배롱나무 등이 잘 어우러져 있다. 정원 습지를 가로지르는 얕은 무지개다리는 나무들과 어울려 입체적인 공간미를 보여준다.

아이들이 가장 많은 시간을 보내는 이 숲속에는 전통놀이 도구함이 설치되어 있어 참신하다. 공기놀이, 비석치기, 제기차기, 윷가락, 윷말 등이 있다. 어느 선생님의 아이디어일까? 아이들의 입장에서

늘 편리하게 이용할 수 있도록 배려한 점이 매우 훌륭하다. 단풍나무 밑의 흔들 그네 의자도 색상이 밝다. 정원 곳곳에는 시(詩)를 새긴 안내판이 있는데 조동화 시인의 '나 하나 꽃피어'라는 시가 눈에 들어온다. 한쪽에는 야생화 정원도 있다.

학교 정문에서 시작한 맨발 걷기 길은 학교 뒤를 감아 돌아 중앙정원까지 연결되어 있다. 연못 앞쪽 종점에는 손과 발을 씻을 수 있는 수도 장치가 잘 되어 있다.

맨발로 걷기의 건강 효과는 많이 검증되고 있다. 우리나라에서 본격적인 붐은 대전시 계족산 황토길에서 시작되었다. 맨발로 황토길을 걸을 수 있는 코스가 매우 잘 되어 있다. 제주도 에코랜드 숲속에도 다양한 맨발 걷기 코스가 있다. 제주 화산송이, 목재, 자갈돌 등 구간별로 되어 있고 끝나는 곳에서는 한라산 지하수를 펌프로 퍼올려 발을 씻게 해두었다. 본인이 체험한 바로는 최고의 코스이다.

최근에는 경기도 평택시 통복천 바람숲길에서 맨발 걷기 대회를 하는 등 많은 시민들이 맨발 걷기에 동참하고 있다. 그래서 가능한 많은 학교에서 감포초등학교처럼 맨발 걷기 둘레길을 만들었으면 좋겠다는 생각이다.

맨발 걷기 길 옆으로는 학급별 생태 텃밭이 넉넉하다. 선생님과 함께하는 학급별 농작 체험이 귀중한 교육이 될 것이다. 옆에는 독도 교육을 위한 녹지가 있어 학교숲을 다양하게 이용하는 지혜가 엿보인다.

학교숲과 마을 경계에는 오동나무, 개잎갈나무 등 큰 나무들이 지키고 있다. 모래놀이터에는 경주 감포 지역 대표 문화재가 그림으로 소개되어 있다. 학교는 개방되어 지역주민이 편하게 운동하는 공간이 되고 있다. 마을 주택가에서 놀이터를 통해 학교숲에 들어올 수 있는 공간이 있어 좋다.

정원, 학교숲 관리가 유달리 잘 되고 있어 알아보았더니 BTL 소장님이 주인공이다. 통화를 해보니 학교 역사와 학교숲 관리를 매우 잘 알고 있다. 학교는 최초에 일본인을 위한 전용 학교로 세워졌다가 나중에 한국인이 졸업하면서 1회 기준으로 잡기 시작했다고 한다. 일본 강점기에 심은 가이쯔까향나무가 많았지만 거의 다 베어내고 지금은 5주 정도 남았다고 한다.

어울림의 정원
부산시 장안중학교

부산시 기장군에 있는 장안중학교는 필자가 2011년 8월부터 2013년 8월까지 학교장으로 재직했던 학교이다. 장안제일고등학교와 교정을 함께 쓰고 있으며 천연잔디 정원을 잘 가꾸고 있다. 정원에는 조각 작품도 함께 상설 전시되어 더욱더 멋진 풍광을 보여준다.

장안중학교는 김현옥 교장으로 널리 알려진 학교이다. 김현옥 교장은 두 번의 서울시장과 내무부장관으로 재직하며 광화문 지하차도, 여의도 개발 등 불도저 추진력으로 유명한 행정가이었지만 와우아파트 붕괴 사건으로 서울에서 물러나 경남 양산군 소재 장안중학교 교장으로 낙향했으니 당시에는 대단한 사건이었다.

경남 양산군 장안중학교 교장으로 있으며 박정희 대통령의 부름을 기다렸지만 답은 없었다. 교장으로 재직 중 한양대학교 병원에서 병환으로 세상을 떠났다. 김현옥 교장으로 널리 알려진 장안중학교는 행정구역이 여러 번 바뀌었다. 경남 양산군 등을 거쳐 지금은 부산시 기장군이다.

필자가 장안중학교에 교장으로 근무할 때 김현옥 교장과 함께 지낸 김영재 교감이 당시의 이야기를 많이 해주었다. 김현옥 교장은 교사들과 함께 직접 나무를 많이 심었다고 한다. 교직원들과 함께 주위의 산과 들에서 나무를 옮겨오기도 하는 등 자체 노력으로 일구어낸 아름다운 전원학교이다. 울타리는 상록인 참가시나무가 많고 대나무, 느티나무, 개잎갈나무 등이 경계목으로 학교를 둘러싸고 있다.

중, 고등학교 교정에는 왕벚나무, 태산목, 비파나무, 탱자나무, 석류, 금송, 은목서, 금목서, 다정큼나무, 살구나무 등이 어우러진다. 겨울에도 꽃을 볼 수 있는데 팔손이나무와 해국 등이 꽃을 피운다. 장안중학교 학교 정원은 '친구들'이라는 영화 촬영지로도 알려져 있다. 학교 정원에는 지금도 태산목, 비파나무, 가시나무, 당종려 등의 많은 상록수와 석류나무, 매실나무, 이팝나무, 살구나무, 팔손이, 주목, 느티나무, 벚나무 등이 어울려 좋은 숲을 이루고 있다. 특히 본관 입구 좌우에는 당종려들이 이국적인 멋을 부리고 오래된 금목서, 은목서가 있는데 가을이면 황금색 꽃과 흰 꽃이 차례로 피어 알싸한 향기가 교정에 가득했다.

나는 금목서 꽃향기에 취해 도저히 퇴근할 수 없어 교장실 불을 끄고 어둠이 깊어질 때까지 창문을 열고 하염없이 향기에 흠뻑 빠진 날이 많았다. 허브류, 해국 등 들풀들도 다양하게 자라며 조화를 이룬다. 장안제일고 울타리에는 탱자나무 군락이 있는데 흰 꽃이 폭발적으로 피어 가득할 때는 가시에 찔리는 것도 잊고 황홀경에 빠진 적도 있다. 석류나무 꽃도 원 없이 보고 비파나무 꽃과 열매도 처음 보았다. 나에게는 학교 정원이 고급스러운 식물원이었다.

교실 앞 화단에서 만난 다정큼나무는 그 이름이 하도 정겨워 잊지 못한다. 교장실에 반려식물로 키운 나무도 다정큼나무[3] 이다.

---

3 다정큼나무 : 장미과의 상록관목으로 대만과 일본, 한국이 원산지이다. 남쪽 지방 바닷가 모래땅에서 서식하고, 이 밖에 반그늘과 해가 비추는 곳에서도 잘 자란다. 크기는 약

5층 교실들을 돌아볼 때면 바로 눈앞에 태산목 큰 꽃이 향기를 가득 풍겨주기도 했다. 체육관 앞쪽의 가시나무숲 바닥에는 늘 도토리가 가득했다.

1~4m이다. 꽃은 5월에 피고 열매는 10월에 익는다. 껍질에서 연료를 추출하며, 관상수로도 활용된다. (출처 : 다음 백과)
'다정스럽다'라는 말이 있다. 이 말은 꽁꽁 얼어버린 겨울 땅도 금세 녹일 것만 같아 상상만 해도 가슴이 훈훈해진다. 나무에도 다정스런 나무가 있을까? 제주도에서부터 남쪽 섬에 이르는 남부 난대림에서 자라는 다정큼나무가 있다. '다정스러울 만큼의 나무'가 변하여 생긴 이름일 터이다.
말의 뜻과 나무의 모습을 연관 지어 생각해보면, 다정큼나무는 잎이 그렇게 크지도 작지도 않으며, 긴 타원형의 아늑한 모습이다. 잎 가장자리에 톱니가 가끔 있기는 해도 대부분은 톱니가 없이 매끈하니 더욱 편하게 느껴진다.
원래 어긋나기로 잎이 달리지만 사이사이가 짧아 가지 끝에 모여나기 한 것처럼 붙어 있는데, 이 모양이 마치 잎들이 다정스럽게 둘러앉아 소곤소곤 이야기를 나누는 모습처럼 비춰진다. (우리나무의 세계, 박상진)

둥근 정원이 빛나는
광양시 다압중학교

　섬진강을 내다보는 높은 언덕에 자리한 다압중학교는 아름다운 전원학교이다. 학교는 전교생 21명이 생활하는 오붓한 학교이다. 관사 자리를 헐고 새로 조성한 원형의 정원에는 상록수인 가시나무, 금목서, 애기동백, 홍가시나무, 산수국 등을 심었다. 특히 가시나무, 금목서, 애기동백 등은 수형이 매우 좋고 건강하다.

　때마침 활짝 핀 금목서는 환희로운 향기로 방문객을 맞이한다. 전나무, 소나무, 단풍나무, 느티나무 등 기존에 있던 나무들을 잘 활용해서 숲 조성을 조화롭게 잘했다. 학교를 찾았을 때 자연스러운 돌담 위 정원에는 가을 야생화 꽃향유가 여기저기 피어있다. 가을에 붉게 물드는 단풍나무는 그 위용이 대단하다. 지나가는 사람들이 단풍나무를 보고 감탄하여 학교를 자주 찾는다고 한다. 가끔은 나무 아래에서 큰절을 하고 가는 사람도 보았다고 한다.

　최근 전남 지역의 학교장 연수 방문과 학교숲 견학이 부쩍 늘었다고 한다. 섬진강 건너편은 하동이다. 학교 옆에는 감나무 군락과 매화마을의 매실나무가 많다. 느티나무는 언덕을 지키고 있다. 학교를 들어서는 길은 온통 매실나무 과수원이다. 정원이 남다른 손길과 정성이 담겨 있어 물어보았다. 이 학교 출신 동문들이 이제는 학부형이나 학교운영위원이 되어서 학교 사랑을 실천하고 있었다. 애향심, 애교심이 하나가 되어 평생을 고향 학교에서 살아가는 모습을 보고 존경심과 함께 부러운 마음도 일어난다.

　새로운 학교숲 조성도 운영위원이자 동문인 사람의 적극 참여 덕분에 순조롭게 되었다. 가을에 만난 교정 돌 틈 사이의 야생화 꽃향유는 꿀풀과의 여러해살이풀이다. 보라색 꽃이 아담한 농촌학교의 정원을 더욱 정감 있게 만든다.

고로쇠나무와 물푸레나무가 맞이하는
파주시 적서초등학교

　학교 정문을 들어서면 좌우에 풍성한 은행나무가 마주 보고 있다. 이어서 왼쪽 은행나무에 이어 메타쉐콰이어, 밤나무, 고로쇠나무, 전나무가 큰 키를 서로 자랑하고 있다. 오른쪽 은행나무 뒤에는 작은 동산에 정자가 있고 구상나무, 단풍나무, 벚나무, 산딸나무 등이 어우러져 있다.

　은행나무 다음에는 키가 8m 이상 되어 보이는 멋진 고로쇠나무, 이어서 물푸레나무, 전나무, 은행나무가 나타난다. 학교에서 쉽게 보지 못하는 매우 키가 큰 고로쇠나무와 물푸레나무를 만나니 깊은 산속에서 만난 듯이 반갑다. 교문에서 운동장으로 들어서는 입구에는 전통놀이 그림이 잘 그려져 있다. 아이들이 등하교를 하면서 늘 보는 곳에 있다. 놀이를 하며 자주 즐길 수 있도록 학교숲 앞에 있다.

적서초등학교에는 곳곳에 안내 팻말이 붙어 있다. 나리, 작약 등이 심어져 있는 야생화 동산에는 '들꽃세상', 느티나무에는 '나눔쉼터', 무궁화 동산, 이야기 동산, 튼튼이 마당, 시냇가, 놀이동산 등이다. 그리고 교정의 나무에는 나무 이름표를 잘 붙여두어 식물교육에도 정성을 다하고 있다.

느티나무와 은행나무 사이에는 10여 m의 밧줄을 걸어 아이들이 밧줄놀이를 즐길 수 있도록 했다. 놀이터와 나무는 서로서로 힘이 되어주고 있다. 2층 본관은 나지막하게 보인다. 뒷산의 푸릇푸릇 나무들이 더욱 빛나기에. 운동장 스텐드가 설치된 방향에도 마치 보름달 같은 야산이 있어 학교를 더욱 숲속 분위기로 만들고 있다.

적서초등학교 총동문회에서 모교에 숲을 기증한 동문의 이름을 새긴 공덕비도 보인다. 녹색학교 조성기념(2005~2006년)이라는 제목 밑에 졸업 기수와 이름이 있고 적서공원을 만든 분에 대한 감사의 글이 있다. 본관 중앙 현관에는 금은화로 불리는 인동덩굴이 멋지게 자라고 있는데 2층 옥상까지 올라가 있다. 무엇보다 풍성하게 자란 인동이 금색, 은색 꽃을 피우고 있는 장면이 농촌학교에서만 볼 수 있는 넉넉한 여유로움이다.

운동장 한쪽으로는 학년별 상자 텃밭을 배치해서 오가는 학생들이 늘 볼 수 있게 한 점이 보기 좋다. 적서초등학교 학교숲에 있는 특징을 살피면 다음과 같다. 이야기 동산 곳곳의 전나무 모양이 매우 잘생겼다. 주차장 맞은편 향나무는 키도 매우 크고 보기 드물게 멋지다. 꽃사과나무도 학교의 연륜을 보여준다. 교정 곳곳에 많은 은행나무와 느티나무도 자연스러운 모습이 보기 좋다.

학교숲과 마을 경계는 측백나무가 맡고 있다. 유실수로 앵두나무, 배나무, 산수유나무, 가래나무는 스텐드 뒤쪽에 심었다. 이 외에도 모감주나무, 불두화, 가이즈까향나무, 라일락, 소나무가 풍성하고 아래쪽으로는 진달래, 취나물, 초롱꽃, 돌나물이 조화를 이룬다. 곳곳에 설치된 물레방아와 수생식물 대형 화분이 정원의 생태적 기능을 잘 살리고 있다.

나무 밑에 있는 사자상이나 낙타상은 약간 생뚱맞아 보일 수도 있는데 첫인상이 나무들과 조화를 이뤄 자연스럽게 보였다. 학교 정문 왼쪽의 텃밭과 곳곳에 있는 텃밭을 통해 살아있는 생태교육이 늘 이뤄짐을 알 수 있어 기분이 좋다.

무엇보다 단풍나무과인 고로쇠나무 두 주가 잘 자라고 있고, 밤나무, 물푸레나무도 학교숲에서는 보기 드물게 키가 크고 아름다워 인상에 오래 남는다. 학교나 관공서에 있는 향나무는 한결같이 모양내기로 다듬어져 있어 식상하다.

하지만 적서초등학교 향나무를 보는 순간 푸른 하늘을 맘껏 올라간 10여 m 넘는 모습이 장관이다. 도시의 학교숲과는 또 다른 분위기이다. 모든 나무들이 자연 그대로 자라고 있고 인공적으로 강전지한 흔적이 없다. 나무를 지나치게 관리한 흔적도 안 보인다. 첫인상부터 편안했던 이유가 자연 그대로의 모습에 있었던 것이다. 적서초등학교는 2002년에 열린 아름다운 숲 전국대회에서 학교숲 부분 상을 받았다. 교문 쪽 학교숲 입구에 수상 기록이 있다.

제2장

차별화된 특성 있는
학교숲 정원

제주 중산간 생태계가 도시 속으로 내려온
서귀포시 서귀포초등학교

서귀포초등학교 본관 앞에는 100년 역사를 보여주는 워싱턴야자나무가 서 있다. 몇 년 전까지 양쪽으로 있었지만, 지금은 한 그루만 남아있다. 100주년 기념관도 본관 옆에 들어섰다. 정원은 정문에서 들어와 안쪽 운동장 모래장이 있던 곳을 활용하여 제주 중산간 분위기를 살린 독특한 정원이다. 자연습지를 중심으로 하고 주위는 사초를 많이 심어 산간 정원의 분위기를 낸다. 듬성듬성 서 있는 말오줌때나무[4]가 여백의 아름다움을 살리고 솔비나무도 습지의 주연이다.

---

4 말오줌때나무 : 꽃보다 강렬한 붉은 열매가 제주도의 가을과 겨울에 숲을 빛낸다. 서귀포초등학교 학교숲에서 솔비나무와 함께 빛나는 포인트이다.

 서귀포초등학교는 생명의숲에서 드림스쿨 사업으로 2018년 선정 심사부터 협약식, 조성, 모니터링까지 5차례 이상 다니면서 공을 많이 들인 곳이다. 제주의 생태를 잘 살린 모델로 만들기 위해 더가든 대표 제주의 정원가 김봉찬 대표의 설계와 시공을 택했다.

 빗물 정원과 초지원을 처음으로 학교숲에 적용한 숲이다. 김봉찬 대표는 서귀포 시내에 만병초 농원과 베케 정원을 운영하며 정원교육을 하는 선구자이다. 백두대간수목원 등 국내 유명 정원에 좋은 정원 작품을 남긴 전문가이기에 멋진 작품이 탄생했다. 선정 당시 일부 학부모 반대 의견도 있었지만 잘 조율되어 성공한 사례이다. 대부분 도시의 학부모들은 학생 안전 중심으로 생각한다. 빠지거나 다칠 수 있는 점, 모기가 생겨 좋지 않다 등의 의견이 꼭 나온다. 이런 경우가 많기에 자세한 설명으로 수용되어 습지 정원이 탄생한 것이다.

전국 학교숲에 처음 도입한 사초류의 활착과 번성함도 큰 특징이다. 솔비나무의 고독함도 빛나 보이고 꼬리사초, 핑크뮬리 등 다섯 가지 사초가 엮어내는 제주 중산간의 숲의 정취는 전국의 명소 학교숲으로 등장했다. 늘 학교숲을 찾는 아이들이 많다는 교장선생님과 담당선생님의 말씀에 울컥 치솟는 기쁨이 감동의 눈물로 튀어 나왔다. 그래, 바로 이거야. 학교숲에서 스스로 다양한 체험을 하는 아이들이 많이 있기에 나는 오늘도 학교를 떠나고도 또다시 학교를 찾는다. 그들의 꿈을 위해.

서귀포초등학교 학교숲은 제주도 한라산 중산간 지역의 전형적인 생태계를 재현한 숲이다. 빗물 정원은 평상시 건천이지만 비가 많이 오면 자연습지가 되는 곳이다. 솔비나무, 말오줌때나무가 포인트이다. 꼬리사초, 핑크뮬리 등 사초 종류가 숲의 경계를 지킨다. 전국의 학교숲 가운데 사초를 가장 많이 심었다. 학생들과 산책하는 주민들은 눈이 호강이다. 늘 다양하게 변하는 멋진 풀들을 보며. 가을이면 핑크뮬리에 반하는 사람들이 더욱 많이 찾을 것이다.

아까시나무숲이 풍성한
서울시 숭문중고등학교

　서울시 마포구 서강대학교 인근에 있는 숭문중고등학교는 1906년 경성야학교로 시작해서 개교 117년이 되는 유서 깊은 사립학교이다. 금호동 시대를 거쳐 지금의 마포구에 온 지는 60여 년이 된다. 정문 앞쪽의 마포아트센터도 학교 부지였으나 마포구청 요청으로 매각했다. 학교 동쪽으로는 마포 자이아파트가 들어서며 도로 확장으로 학교 울타리가 많이 양보하며 오래된 은행나무 군락이 없어졌다. 그래도 보통의 학교보다 두 배가 넘는 교지에 녹지도 매우 풍부하다.

　우선 중학교 앞쪽과 운동장 위에는 아까시나무 등이 우거져 좋은 숲을 이루고 있다. 이 숲은 운동장 북쪽의 측백나무 군락, 자작나무, 뽕나무 등과 연결되어 넉넉한 녹지를 이루고 있다. 아까시나무 군락이 서울 도심지 학교에 남아있다는 사실은 매우 반가운 소식이다. 한국의 국토 녹화사업 초기에만 있던 아까시나무는 점차 사라져가고 있기 때문이다. 몇 가지 잘못된 선입견도 아까시나무를 없애는 데 일조하였다.

아까시나무는 일본 제국주의의 의도가 담겼다거나 조상의 산소를 해친다거나 쓸모없는 나무 등의 미움을 상당한 기간에 받아왔다. 실제로는 척박한 땅에 영양분을 만드는 콩과 식물로서 역할을 하여 다른 나무들이 잘 자라게 하는 순기능을 가졌다. 또한 밀원식물로 양봉산업에 큰 기여를 하고 있다.

아까시나무도 잘 키우면 목재로서 가치도 높다. 하지만 현실에서는 미움을 받아 특히 학교에 남아있는 경우가 드물다. 숭문중고등학교에서 잘 자란 아까시나무 군락을 유지하고 있는 것은 정말 가

치가 있다. 주위의 아파트단지에서 보는 하얀 꽃이 뒤덮인 아까시 숲은 정말 환희 그 자체이다.

운동장 북쪽의 상당히 넓은 곳에는 측백나무, 향나무 등이 우거져 밀림처럼 깊은 숲이 있었는데 몇 년 전 태풍과 폭우로 거의 훼손된 적이 있다고 한다. 그래도 지금 상태에서도 도심지 숲으로는 훌륭하다. 주위가 거의 아파트단지와 대형건물이 들어서서 답답한데 숭문중고등학교 학교숲이 훌륭한 녹지숲으로 빛나고 있다.

숭문중고등학교 학교숲의 특징은 인위적 조경의 테크닉이 없이 지극히 자연스럽다. 원래 있던 숲처럼 말이다. 그래서인지 야산에 자라는 아까시나무, 층층나무 개체가 많고 팥배나무, 산딸나무, 칠엽수 등이 보인다. 특히 중학교 앞쪽 동산에는 층층나무 노거수와 칠엽수가 돋보인다.

중학교 본관 앞에는 특이하게도 남부 수종 상록수 꽝꽝나무가 잘 자라고 있다. 박태기나무, 느티나무도 수형이 매우 좋다. 새들이 씨앗 뿌린 벽오동나무도 자주 보인다. 고등학교 운동장 쪽 경계목으로 심은 은행나무 15주는 아주 건강하게 잘 자라고 있다.

역시 큰 나무로 느티나무, 느릅나무, 플라타너스, 튜립나무, 메타스퀘이어 등이 빛난다. 튜립나무(목백삽나무)도 다른 곳에서 보기 힘든 큰 키와 멋진 수형으로 역사를 잘 보여준다. 메타스퀘이어 한 그루는 근간에 죽었다고 한다. 남은 한 그루는 숲을 압도하는 주인공처럼 살고 있다.

유실수로는 대추나무가 곳곳에 있고 감나무, 산수유나무, 살구나무, 매실나무가 있다. 고등학교 앞 정원에는 구상나무 한 그루가 멋지게 잘 자라고 있다. 마치 한라산 중턱에서 사는 것처럼. 정문에서 들어서면 본관 앞에 졸업생들이 심은 주목 두 그루가 있다. 그 옆에는 동백나무 한 그루가 간신히 살고 있다. 기후 탓으로 꽃망울만 맺고 피지는 못한다고 한다.

석류나무 한 그루는 10여 년 살다 근간에 죽어서 벤 흔적이 남아있다. 팥배나무, 느티나무 아래쪽에는 골담초 두 그루가 있고 정원 초입에 숭문중학교 출신 세계적 마라토너 서윤복 족패천하(足覇天下) 비석이 있다. 6.25전쟁 때 사라진 것을 복구해서 세웠다고 한다.

1947년 4월 19일 미국 보스턴 마라톤대회 우승 당시 감독은 손기정, 코치는 남승룡이었다. 귀국 후 김구 선생이 족패천하(발바닥으로 세계를 제패하다)라는 붓글씨를 선물하였고, 지금은 모교에 비석으로 남았다.

둘레숲길 명소
서산시 대철중학교

충청남도 서산시 운산면에 있는 대철중학교는 운산성당과 한 울타리에 있다. 대전 가톨릭 교육재단의 학교이다. 대철이라는 이름은 한국의 103위 순교 성인 중 14세 가장 어린 나이에 순교한 유대철 성인의 이름이라고 한다(대철중학교 홈페이지에서 인용).

생명의숲에서 2003년도에 시범학교 사업을 했다. 이후 학교에서 숲 가꾸기를 지속적으로 잘해서 완성체 숲을 이뤄가고 있다. 학교 본관과 운동장 사이에는 아주 넓은 정원이 있다. 큰 소나무와 메타스콰이어가 있고 겹벚나무, 벚나무, 모감주나무, 동백나무, 주목 등이 자연스럽게 어우러진다.

물레방아가 돌아가는 작은 못에서 흐르는 물은 넓은 연못으로 이어진다. 넓은 연못에는 수질 정화를 위한 5개의 작은 분수가 물을 순환시키고 있다. 물 위에는 수련이 가득하고 중간 중간에 창포가 어울린다. 주위에는 수생태계를 관찰할 수 있는 나무데크가 넉넉하다. 연못을 중심으로 정원에는 흔들의자와 성모 마리아상, 장미, 인동 덩굴식물 파고라 등이 조화를 이룬다. 연못이 이렇게 넓고 좋으면 새들을 비롯해서 잠자리, 나비 등 곤충들의 좋은 서식지가 된다. 정원에는 쉼터 그네 의자도 있어 정겹다.

정원은 고향 시골집 앞마당 분위기도 나고 잘 정리된 식물원을 연상시키기도 한다. 이 정원의 끝자락을 따라가면 멀리 야외공연장이 보이고 천연잔디 운동장 너머 대나무숲길이 보인다. 야외공연장, 숲교실 등 어떤 이름이 어울리는지 알 수 없지만 중앙 무대 위에는 늘 피아노가 놓여있다. 음악회, 축제 등 어떤 모임도 벚나무와 느티나무 그늘 아래에서 멋지게 할 수 있을 듯하다. 학생들이 관람하는 곳도 나무데크 틀 위에 잔디가 깔려있어 자연스럽다.

　공연장을 나서면 두 갈래 둘레길이 나타난다. 바깥쪽은 대나무 숲길이고 운동장 쪽은 벚나무 숲길이다. 이 둘레길은 가다가 서로 만나는 등 변화가 있는 재미있는 길이다. 학교를 찾은 4월 초에는 색상이 아주 진한 산당화가 정원을 빛내고 있었다. 둘레길이 끝나는 지점에는 넓은 그늘막 정자가 있어 쉴 수 있다. 학교 안에 숲속 둘레길, 황토맨발 걷기 길을 많이 만들어야 한다.

　일상생활 속에서 숲길 걷기의 효용을 익히면 건강한 생활 습관에 매우 유익하다. 학교에서 배운 행동은 평생을 가기 때문이다. 천연잔디 운동장 옆으로는 그늘막 파고라가 충분하게 설치되어 있다. 넓은 정원 덕분에 학교 본관 건물은 스카이라인이 나무로 가려져 튀지 않고 자연스럽다. 마치 숲속의 작은 집처럼 보인다.

어린이 종합 숲속 놀이터
김포시 고창초등학교

경기도 김포시 신도시 장기지구에 있는 고창초등학교는 2003년에 생명의숲에서 학교숲 만들기를 시작하였다. 그리고 많은 시간이 흘러 경기도교육청 생태숲 학교로 지정되었다(2022년). 경기도교육청이 지정한 미래형 학교이다.

'숲을 담은 학교, 숲을 닮은 학교, 고창 생태숲 미래 학교에 오신 것을 진심으로 환영합니다' 이 글에 모든 것이 담아져 있다. 어느 학교보다 많은 예산이 투입된 학교숲은 대형 정글짐과 몽골리안 텐트, 드넓은 숲속 공간과 나무놀이장, 텃밭, 모래놀이터 등 다른 학교에서 보기 힘든 자연적인 공간이 많다. 본격적인 조성이 2021년 현재 진행형이라 몇 년 후에 완성될 멋진 모습을 기대해본다.

교정에는 50여 년 된 수형이 좋은 플라타너스 1주와 느티나무 7주, 은행나무 3주, 벚나무, 오동나무 등이 어우러져 있다. 여기에

새로 심은 쪽동백, 신갈나무, 졸참나무, 상수리나무, 산사나무, 꽃복숭아, 꽃사과, 앵도, 쥐똥나무, 좀작살나무, 보리수, 생강나무 등이 잘 자라주면 복합적인 좋은 숲이 되리라 믿는다. 조팝나무, 목단, 노랑말채 등도 계절 감각을 살려줄 좋은 관목이다. 지피식물로 심은 수선화 등도 앞으로 좋은 모습을 보여줄 것이다. 새로운 봄을 기대하게 하는 숲이다. 나무와 꽃들이 어우러진 생태숲에는 몽골리안 텐트, 대형 정글짐, 모래언덕, 나무 뜀틀, 피아노 건반 모양 나무놀이, 그늘막 교실 등 다른 학교에서 상상할 수 없는 생태와 놀이 교실이 함께한다. 학교 홈페이지에 생태환경을 보여주는 사진이 모든 것을 말해준다. 홈페이지에는 생태숲 미래 학교 코너가 있다.

① 다양한 식물이 더불어 함께 하는 숲 : 수종이 다양한 숲
② 새들이 많이 오는 학교숲 : 새들의 먹이가 많은 숲
③ 자연과 환경을 사랑하는 사람들이 찾는 숲 : 넉넉한 숲

이러한 생태숲 중장기 계획과 우리 학교 나무 이야기 코너 등은 모든 학교가 본받아 개설하면 좋겠다. 한 번은 학부모들이 붙인 현수막이 눈에 들어왔다.

'숲 안에 사는 사람, 사람 안에 사는 숲' 함축된 내용이 매우 생태교육에 필요한 내용이라 잊지 못한다. 학교와 학부모, 교육청, 지역주민이 함께 만들어가는 학교숲이라는 점을 잘 알 수 있는 대목이다. 이 밖에도 고창 생태 동아리 운영, 학생들이 만들어가는 생태숲, 넓은 학생 텃밭, 모래놀이터 등은 다른 학교에서 쉽게 찾아볼 수 없는 모습이다.

장기숲이 살아있는
포항시 양포초등학교

경북 포항시에 있는 양포초등학교에는 장기숲의 옛 흔적이 남아 있다. 장기숲은 잦은 왜구의 침입을 막기 위해 군사적으로 조성한

특이한 방어숲이다. 『조선의 임수(1938)』에 나타난 우리나라 역사에 기록되어 있는 몇 안 되는 숲의 역사를 가진 장기숲은 기록이 남아 있는 매우 중요한 숲이지만 1960년대 새마을운동 당시 거의 사라졌다.

지금은 양포초등학교와 장기중학교에만 그 흔적이 남아있는 소중한 자연문화유산이다. 특히 양포초등학교 교문 앞 팽나무 군락과 교무실 앞쪽의 팽나무 노거수는 학교 울타리 안에서 안전하게 보존되어 왔기에 그 의미가 매우 크다.

　1800년대 읍지에도 오늘날과 같은 지적과 임상을 가진 장기숲은 주요 수종은 이팝나무, 느릅나무, 느티나무, 팽나무, 회화나무, 왕버들, 탱자나무이었다. 이중에 팽나무와 느티나무, 이팝나무가 양포초와 장기중에 간신히 살아남았다.

　지금은 소나무, 은행나무, 개잎갈나무, 플라타너스 등이 마을과 구분하는 역할을 하고 있다. 새로 지은 건물 교무실 앞쪽에는 조례대가 있는데 바로 옆에는 장기숲 당시 살아남은 팽나무가 그 시절을 증명하고 있다. 장기숲 역사의 흔적은 이제 장기중학교와 양포초등학교 등에 노거수 30여 주만 남아서 옛 시절을 짐작하게 한다. 만약 양포초등학교가 품지 않았다면 이마저도 사라졌을 가능성이 매우 짙다. 양포 사색의 길 안내판에는 지역의 지난 역사를 알려주고 있다.

우리 지역에 오셨던 인문학의 창시자로 조선의 부흥(르네상스)을 이끈 정약용, 송시열 선생을 비롯한 선현들의 피눈물과 젖은 땀, 굳은 결의가 담긴 이야기(스토리텔링)를 만나는 사색의 공간을 걸으며 우리 양포의 품격을 느껴봅니다.

장기숲으로 유배하러 왔던 선현들의 기록을 학교숲이 간직하고 있다. 자연문화유산을 소중하게 지키는 방법은 그 지역의 학교가 절대적인 역할을 함을 알 수 있다.

장기숲에 학교를 세우면서 기존에 있던 나무들을 최대한 보호하면서 교문을 내고 모래장을 만드는 등 장기숲의 나무를 최대한 보호하려는 노력이 곳곳에 보인다. 그래서 자연스럽게 숲속 놀이터가 된 것이다. 숲속 정원에는 잘생긴 탑 1기와 그늘막 정자도 장기숲의 흔적을 지키고 있다.

솔빛고운수목원이 있는
인천시 송림초등학교

인천시 동구 송림동 송림초등학교는 제10회 아름다운 숲 전국대회(2009) 학교숲 어울림상을 받았다. 학교가 있는 행정지명이 소나무숲이라는 송림동이고 학교 근처는 송현사거리, 송현로이다. 소나무 언덕이라는 뜻이다. 아마도 바닷바람을 막는 방풍림으로 소나무 숲이 많았던 지역이라 송현, 송림 등의 지명이 남아있는 듯하다. 지금은 학교 옆으로 초고층 아파트가 서 있고 주위에 계속 고층 건물이 들어서고 있어 생태환경이 좋은 학교숲의 역할이 더욱 가치가 있다.

운동장 안쪽으로 올라가니 작은 숲이 나타난다. 돌에는 솔빛고운수목원이라는 이름이 새겨 있다. 학교 안에 수목원이 있다니 살짝 놀라며 호기심이 생긴다. 숲 입구에는 몇 개의 안내판이 있다. 아름다운 숲 전국대회 수상지 푯말과 그 옆에는 수목원 안내판이 있다.

안내판 설명을 옮겨본다.

> 솔빛고운수목원
> 이 학교숲은 인천광역시의 지원으로 2007~2008년에 걸쳐 4억 8천만 원의 예산을 들여 간이축구장 시멘트를 걷어내고 조성하였습니다. 생태연못 2곳, 계류형 하천 다리 2곳, 솔숲 동산 2곳, 산책로, 관찰테크, 가로등을 설치하고 각종 수목을 심어 학생과 지역주민의 사랑을 받는 시민의 숲으로 자리매김하였습니다. 2009년 산림청 주최 전국 아름다운 학교숲에 선정되었습니다.

이 설명판 옆에는 생태공원 연못 조성공사 나무 표지판에 기금을 낸 동문 선후배 이름이 기록되어 있다. 학교를 졸업한 동문이 모

교 후배들을 위해 나무를 심고 숲을 만드는 것은 가장 바람직한 모교 사랑이 아닐까? 대부분 학교에서 개교 기념으로 기념석이나 기념 조형물 등을 적지 않은 예산으로 만드는 경우가 많다.

그런데 이런 큰 돌 기념석은 시간이 지나면서 애물단지가 되기도 한다. 기념 조형물도 세우는 어른들의 기분이지 진작 학생들이나 교직원에게는 감동을 주기 어렵다. 오히려 작은 정원이나 숲을 조성해서 기증하는 것이 모교의 발전이나 후배 학생들, 지역주민에게 좋은 일이다. 고정관념을 깨고 이런 일을 실천하는 동문도 점점 늘어가고 있다. 경상남도 거제시의 장승포초등학교가 대표적인 좋은 본보기이다.

장승포초등학교 동창회는 개교 100주년 기념으로 모교에 '백년숲'이라는 학교숲을 선물했다. 후배와 지역주민, 모교에 가장 현실적인 명품 선물을 한 것이다. 다른 학교에서도 잘 새겨볼 만한 일이다. 숲이 어려울 경우 기념이 될 만한 의미 있는 나무를 심는 방법도 있다. 학교가 있는 지역의 천연기념물 후계목을 찾으면 더욱더 좋겠다.

솔빛고운수목원은 녹색 덩굴 파고라를 설치하고 산머루, 인동덩굴 등을 올려 시원한 숲속길을 만들었다. 직선이 아닌 둘러 가는 곡선길로 만들어 미로 같은 숲속길을 잘 만들었다. 발아래는 야자 매트를 깔아 어린이들이 편하게 다닐 수 있게 했다. 5월에 숲을 찾았을 때 말발도리 나무가 흰색 꽃을 엄청나게 많이 피워 녹색숲과 장관을 이루고 있었다.

　소나무숲, 벚나무, 산딸나무, 단풍나무, 홍단풍나무, 말발도리, 백목련, 사철나무, 동백나무, 생강나무 등이 어우러진 숲은 마치 작은 밀림처럼 풍성하다. 유실수로 복숭화나무, 사과나무, 대추나무, 모과나무가 자라고 있다. 나무 아래쪽은 생태물길이 돌고 있어 억새, 창포 등 수생식물이 잘 자라고 있어 생태 기능을 제대로 작동하는 숲이다. 학교에서 숲을 만드는 목적을 알린 안내판에도 설명이 잘 되어 있다.

학교숲을 인성교육의 장으로 활용

　송림초등학교는 학생들의 인성을 고양시킬 수 있도록 교직원과 학생은 물론 학부모들이 하나가 되어 학교숲을 만들었다. 아이들에게 풍부한 감수성을 길러줄 수 있도록 복숭아나 사과나무 등 유실수를 구성하였고 수생식물을 관찰할 수 있도록 활용하고 있다. 또한 교과목과 연계된 학습과정을 지도하여 학생들이 자연과 생명에 대한 소중함을 단지 이론이 아닌 실제 보고 느끼는 체험학습을 통해 체득할 수 있도록 설계하였으며 인성교육의 장으로 적극 활용하고 있다.

– 생명의숲 산림청 유한킴벌리

솔빛고운수목원 나무 사이에는 동물들이 많다. 두루미, 젖소, 꽃사슴 모형들이 자연스럽게 어울린다. 학교 홈페이지에는 학교숲과 함께 '그린이가 약속하는 생태전환을 위한 실천목표'도 명시되어 있다.

숲속 포토존이 멋진
고양시 일산초등학교

도시의 학교 구조는 대부분 획일적이고 정형화된 모습이다. 운동장과 본관 건물이 있고 양쪽으로 체육관, 다목적관, 급식소 등이 자리한다. 나무들은 주로 운동장 주위 경계목으로 있으며, 본관 건물 앞 화단과 운동장 경계에 심어져 있다. 단순하고 뻔한 모습이다. 경기도 고양시 일산초등학교는 그런 일률적인 학교 모습에서 벗어나 특색 있는 학교숲을 가지고 있다.

2004년 생명의숲에서 학교숲 조성을 시작으로 해서 꾸준히 학교숲 가꾸기가 진행되었다. 그리고 2010년 7월 그린스쿨이 준공되었다는 기념석이 있다. 교문에서 유치원까지 넓은 공간에 생태숲을 잘 조성했으며 산책길도 여러 개 있다. 침목을 깔아 만든 오솔길이 곡선으로 재미있게 이어진다. 지나는 길에는 수수꽃다리 군락과 대추나무, 자두나무, 팥배나무를 만날 수 있다.

　중앙 넓은 길에는 하트 모양의 아치길이 있는데 담쟁이와 장미가 그늘을 만든다. 졸업 시즌에는 하트 아치가 포토존으로 변한다고 한다. 아치 옆에는 라너스덜꿩나무가 풍성하게 자라 4월이면 멋진 꽃잔치를 한다. 나무는 백당나무와 같은 인동과 산분꽃나무속이다. 가장자리에 크고 흰색인 무성화를 달고 안쪽으로 유성화가 핀다.

　꽃은 백당나무와 비슷하지만 잎 모양과 수형이 완전히 다르다. 물이 흐르는 수생태계도 생태숲속에 있다. 물을 좋아하는 버드나무와 창포등 수생식물도 넉넉하다. 물가에는 계수나무, 회화나무, 산딸나무, 소나무, 반송, 모과나무, 매실나무, 대추나무, 스트로브잣나무, 반송 등이 있다.

　야생화를 모아서 심어 놓은 곳에는 돌단풍, 톱풀, 범부채, 하설초, 참나리, 자그레보 등의 꽃들이 잘 자라고 있다. 학생들이 앉아서 쉴 수 있는 벤치 위에는 비를 피할 수 있는 시설도 되어 있다. 학교숲 가운데 정자에는 학교숲 이용수칙이 붙어 있어 지역주민들도 함께 참여하고 있음을 알 수 있다.

이 외에도 수선화 군락지와 회양목 등이 건강하게 자라고 있다. 운동장 쪽에는 2020 학교 치유텃밭 조성 및 운영 시범사업 표지판도 있어서인지 유달리 학교 곳곳에 텃밭이 많이 보인다. 운동장과 경계를 이루는 10여 주의 향나무 아래쪽에 텃밭들이 잘 운영되고 있다.

향나무 군락 안쪽에는 위엄 있는 느티나무 노거수가 중심을 잡고 있다. 본관 앞쪽으로는 양쪽으로 교목인 은행나무가 노거수 반열에 오르고 있다. 가운데는 동백나무, 홍단풍나무, 주목, 향나무, 산당화(명자나무) 등이 있다. 대부분 학교의 나무들은 강전지 등으로 보기 흉한 데 비해 이 학교는 나무들의 상태가 매우 좋다.

이 외에도 불두화, 목백련, 회화나무, 등나무 등이 보인다. 등나무 한 그루는 특이하게도 교목 모양으로 하늘을 향해 뻗어있다. 개교 100년(2024)에 이르는 역사와 전통이 있는 일산초등학교는 이제 고층의 아파트가 둘러싸고 있다. 점점 도심 속의 학교 형태로 변할까 걱정이 되지만 아직은 흙운동장과 흙길 등이 남아있어 생태적으로 좋은 상태를 유지하고 있다.

대부분 도심 학교는 인조잔디 운동장과 트랙, 그리고 나머지 공간은 모두 아스팔트 포장을 하기에 흙을 보는 것이 쉽지 않다. 한때

학교 운동장 육상 트랙의 유해요소 때문에 교체 공사를 하는 경우도 있었다. 인조잔디 역시 플라스틱 알갱이 등이 문제이다. 무엇보다 인조잔디에서 활동할 수 있는 것은 축구 외 거의 없다. 다시 말해서 인조잔디 운동장은 학생 중심이 아니라고 본다. 조기축구회를 위하거나 관리 측면에서 깨끗하고 보기 좋다는 체면 문화와 자본주의의 결과라고 보는 것이 맞지 않을까? 이에 반해 흙(마사토) 운동장은 남녀 어린이 모두 놀이를 즐길 수 있고 사람뿐만 아니라 주위의 생명체에게도 필요한 생태 공간이 된다. 누구를 위한 학교, 누구를 위한 운동장인지 진지하게 생각해볼 필요가 있다.

   최근에 학교 운동장을 생태놀이터로 만든 경상남도 밀양시 밀주초등학교의 좋은 사례를 참조해야 한다. 하늘 높은 줄 모르고 솟아오르는 아파트와 빌딩들이 둘러싼 도시의 학교환경이 걱정이다. 그런 점에서 일산초등학교의 학교숲과 흙운동장은 녹색섬과 생태숲 기능을 잘하고 있어 기분이 좋다.

단풍나무길 정원
광주시 전남여자상업고등학교

전남여자상업고등학교는 광주시 북구에 있으며 학교법인 춘태학원 소속으로 국제고등학교와 한 울타리에 있다. 2003년 4월에 교

육부 녹색학교 시범학교와 같은 해 6월에 생명의숲 시범학교로 학교숲을 조성하며 현재의 멋진 숲을 가꾸고 있다. 학교숲 조성을 할 때 이렇게 여러 사업을 함께하면 상승효과가 있다. 품질이나 수량이 더욱 풍성해서 좋은 숲이 탄생하게 된다.

전국을 다녀보면 우수한 숲을 유지하고 있는 학교는 거의 산림청, 지자체, 생명의숲 조성사업 등 중복 유치한 경우를 많이 본다. 운동장과 울타리 푸른 숲을 내다보고 있는 본관 앞에는 역대 교육부장관 3명이 기념식수한 나무가 나란히 서 있다. 본관 앞과 운동장 사이 공간은 매우 넓은 경사진 곳이지만 중간에 산책길을 만들고 배롱나무를 많이 심어 배롱나무 터널이라는 숲길 이름을 붙여두었다. 창의성이 돋보이는 숲길이다.

전남여상에는 인조잔디 운동장이 넓고 좋지만 국제고등학교 쪽으로도 넓은 잔디 공간이 있어 마치 운동장처럼 보인다. 하지만 이곳은 공간적 여백이 아름다운 정원이다. 이 정원 한쪽에는 설립자 동상과 5층 석탑이 나란히 있다. 앞쪽에는 석경(石鏡)이라는 글씨가 새겨진 자그마한 돌이 있다. 늘 자신을 비추어보라는 가르침이 있다는 느낌이다.

맞은편 석비에는 화순신농중학교, 전남외국어학교, 춘태여자상업고등학교, 국제고등학교 등의 법인 관련 학교 현판 이름을 모아두었다. 정원의 입구에는 돌에 새긴 단풍터널이라는 글씨가 있다. 이름 그대로 홍단풍과 청단풍나무가 줄지어 있고 시원한 그늘을 만들고 있다.

이 숲에는 당종려, 홍단풍, 청단풍, 은목서 등이 어우러져 있다. '졸업생 취업 진로센터' 앞 돌다리 위 장미터널과 연못이 잘 어울린다. 연못 가운데는 수양홍단풍나무 한 그루가 홀로 우뚝하며 작은 분수들이 물을 뿜고 있다. 수양단풍 아래에 세워진 THINK 글자판이 눈에 들어온다. 수생태계 관리가 잘 되고 있다.

　수생식물들도 많다. 특히 노랑꽃창포가 멋지다. 단풍나무 터널 초입에 나무로 된 큰 물레방아가 돌며 물을 정화시키고 있다. 드넓은 천연 잔디밭과 정원 사이에는 영산홍 동산이 풍성하고 본관 쪽으로는 20여 주의 반송으로 경계 짓고 있다.

쉬는 시간은 숲속 놀이터에서
부산시 가야초등학교

　부산 가야초등학교 교정에 들어서면 가야의숲, 배움의숲, 드림스쿨 등 학교숲 현판이 다양하게 표시되어 있다. 부산 가야초는 2015년에 드림스쿨 사업 18호로 학교숲을 조성한 곳이다. 건물과 건물 사이 넓은 곳을 중앙 정원으로 만들었다. 학생들의 동선이 아주 잦아서 숲속으로 길을 여러 갈래로 만든 것이 성공이었다. 모니터링 하는 동안에 쉬는 시간을 숲속에서 보내는 학생들을 많이 보았다.

　학교 정문에서 들어오는 길은 홍가시나무길이고 연못 주위에는 가시나무, 대나무 등이 잘 자라고 있다. 중앙 정원의 중심은 배롱나무, 감나무, 느티나무, 동백나무, 자귀나무 등의 키 큰 나무와 다정큼나무, 꽃댕강나무 등이 조화를 이루고 있다. 덩굴은 포도와 인동 등을 올려 어울림이 좋다. 중정 앞쪽에는 느티나무와 목백합나무 3주가 함께하고 있어 숲을 더욱 풍성하게 하고 있다.

　죽은 나무 하나 없이 모두 잘 어울려서 성장하고 있길래 비결을 물어보았다. 학교 지킴이 선생님이 물주기를 정말 열심히 하고 있다고 한다. 그러고 보니 정원 내 물 호스 배관을 잘 설치해서 물관리를 철저히 하고 있다.

　전지 및 수형도 유별나게 잘 되고 있어 물어보니 야간 당직자가 취미로 학교숲을 스스로 가꾸고 있다고 한다. 물주기와 수목 관리 등이 잘 이뤄지니 학교숲은 매우 건강하다. 이와 같은 모범사례는 드문 현상이다. 전문가의 자원봉사가 꿈나무 학생들에게 큰 기쁨을 준다. 본관 5층에는 학교 상자 텃밭을 계속 잘하고 있다고 한다.

　가야초등학교 학교숲은 전국적으로 보아도 관리와 활용이 매우 우수한 곳이다. 가을까지 붉은 꽃 빛나는 배롱나무와 둥글게 잘 익고 있는 감과 대추도 학생들에게 보기 좋은 선물일 것이다. 이 외에도 석류, 좀작살나무, 동백나무, 먼나무, 목백합나무, 다정큼나무, 홍가시나무, 꽃댕강나무 등이 다양한 색채로 계절 감각을 만끽하게 만들어준다.

제3장

지역주민의 행복 옹달샘
학교숲 정원

주제별 테마 정원이 빛나는 숲
남양주시 광동중학교

광동중학교는 우리나라 최초의 산림학교이다. 1946년 경기도 남양주시 봉선사 광릉수목원 옆에서 학교를 열었다(현재 경희대 평화대학원 자리). 1978년 현재의 자리인 장현리로 이전하였다. 이후 상업학교, 인문고등학교로 바뀐 광동중고등학교에는 계수나무 7주, 중국굴피나무, 귀룽나무, 튜우립나무 등이 오래된 나무이고 운동장 주위에는 나무가 별로 없었다.

2004년부터 광동중학교에서 학교숲 운동이 시작되어 지금은 다양한 나무와 들풀들이 어우러져 조화를 이루는 아름다운 정원이 되었다. 아름다운 학교 운동본부와 중앙일보 주최 최우수상(2007)과 2016년 열린 제16회 아름다운 숲 전국대회에서 아름다운 숲을 수상하였다.

　경기도 남양주시 진접읍에 있는 학교는 필자가 2004년부터 2009년까지 5년간 교장으로 재직한 학교이다. 최초의 산림학교 전통을 살리고 삭막했던 환경을 개선하고자 학교숲을 조성하여 아름다운 정원이 된 곳이다. 학교숲에는 다른 곳에서 찾아보기 힘든 다양한 나무와 들풀을 심었다.

　예를 들면 낙엽수 참나무 6형제(상수리, 신갈, 떡갈, 졸참, 굴참, 갈참)를 한 곳에 모아 심어 구분할 수 있게 하고 마가목, 골담초, 노각나무, 팥배나무, 문배나무, 음나무, 층층나무, 자귀나무, 복자기, 뽕나무, 오동나무, 때죽나무, 은행나무 등 낙엽수 120여 종과 주목[5], 소

---

5 주목 : 살아 천 년, 죽어 천 년이라는 주목은 성장 속도가 매우 늦다. 광동학교 설립자인 운허스님이 제자 월운스님과 함께 심은 주목은 수령이 80여 년이나 된다. 원형으로 잘 자란 주목은 학교의 또 다른 역사이다.

나무, 황금편백, 실화백 등의 상록수를 함께 심었다.

　백당나무와 불두화를 함께 심어 원종과 개량종을 알 수 있게도 했다. 들풀로는 윤판나물, 용담, 층꽃, 부처꽃, 할미꽃 등 230여 종의 다양한 종류를 심어 봄부터 가을까지 계절별로 꽃을 볼 수 있게 심었다. 이 놀라운 모든 일은 오로지 박병선 교감선생님과 이정근 선생님 두 분이 있어 가능했다. 두 분 선생님의 땀과 엄청난 노력으로 짧은 시간에 멋진 숲이 되었다.

　이 과정에 모교 출신 산림전문가(국립수목원, 산림청 산림인력개발원, 산림생산기술연구원)들의 적극적인 지원과 응원도 큰 힘이 되었다. 지역주민과 학부형의 열정 어린 참여도 빛을 발하였다. 특히 이정근 선생님은 광동중학교에 근무하며 4-H 활동과 학교숲 관리, 가꾸기에 주말도 없이 보낸 시간이 20여 년이다. 한 명의 선생님이 엄청난 변화를 가져올 수 있다는 사실을 새삼 깨닫는다. 실제 전국의 학교숲을 찾아다니다 보면 그런 선생님이 꼭 있다. 인천의 명신여고 선태학 선생님, 근흥중학교의 최기학 교장선생님 등이 그런 분이다.

　학교숲은 수많은 언론에서 우수사례로 취재 보도하고 언론기관, 교육청 등의 수많은 상을 받았다. 생명의숲에서는 2008년 제6회 '학교숲의 날'을 개최했고 전국의 학교에서 600여 명이 참관하고 갔다. 전국의 교육계 선생님들이 학교숲에 대한 관심과 열정을 보여준 가장 큰 사건이었다.

　이후 서울과 인천 등지에서 학교장 연수를 다녀가거나, 서울시 교육청 연수 프로그램 중에서도 학교숲 탐방을 했다. 남양주시 진접읍에 있는 산림교육연수원과도 많은 프로그램을 진행했다. 비오톱도 훌륭해서 큰 연못에는 연꽃 등이 자라고 작은 못에는 미나리꽝, 벼농사 체험을 할 수 있는 작은 못, 창포 등이 자라니 개구리와 잠자리, 나비 등의 서식지가 되었다. 숲은 학생들이 집으로 간 늦은 오후에는 새들의 천국이 되었다.

학생들은 뽕나무에서 오디를 따먹고 숲속에 난 굽은 길을 맘껏 뛰어다녔다. 언젠가부터는 점심시간에 학생들의 숲속 콘서트가 열리기도 했다. 지역주민들은 학교숲의 약수를 길어가기도 하고 숲정원을 맘껏 누렸다. 언젠가는 어느 분이 찾아와서 감사 인사를 했다. 자기 손녀가 여름방학 기간 서울에서 왔는데 학교 과제를 광동중학교 학교숲에서 모두 해결했다고 기뻐한다는 것이다. 도시에서 볼 수 없는 나비, 개구리, 다양한 나뭇잎 그리기 등의 자연 숙제를 한 번에 이루어지게 했으니 말이다.

학교숲은 다양한 나무들이 함께 살아간다. 다른 곳에서 쉽게 볼 수 없는 나무들도 많다. 장구밥나무, 콩배나무, 참느릅나무, 마가목, 백송, 계수나무, 황금딱총나무, 무궁화, 전나무, 병아리꽃나무, 단풍나무, 골담초, 이팝, 때죽, 낙상홍, 감나무, 노각나무, 복자기, 황금측백, 수양실화백, 흰말채나무, 반송 등이 잘 어우러져 숲을 이룬다. 선생님들도 관심을 가지고 기념식수하는 사례가 많아졌다. 박병선 교장선생님은 고향 강원도 양양에서 오죽을 가져와 심었고, 양호석 선생님은 감나무를 심었다. 초기에는 발육 상태가 좋지 않던 오죽과 감나무도 잘 적응해서 잘 자라고 있다.

야생화는 해가 갈수록 변화가 많은데 할미꽃이나 용담은 어느 해는 안 보이다가도 몇 년 지나고 보면 다시 번성하기도 한다. 바람과 새들이 심는 나무, 들풀도 많다. 오동나무와 뽕나무, 애기똥풀 등이 그 예다. 병아리꽃나무는 등굣길 데크길 옆에서 무성하게 잘 자라고 있다. 한택식물원에서 보급한 팥꽃나무도 번식이 왕성해서 주위 학교에 나눔을 많이 한다. 흰말채나무는 붉은 가지로 겨울에 더욱 빛난다. 온실 운영이 잘 될 때는 시계꽃이 번성해서 여러 곳에 나눔한 기억도 있다.

학교숲이 풍성해지는 것은 구성원 모두의 관심과 애정이 있기에 가능한 일이었다. 동문, 학부형, 지역주민 등이 많은 관심을 가지고 음으로 양으로 큰 힘을 보태니, 학생들을 위한 음료수대(감로수), 전통 문양 가로등, 덩굴식물 파고라 등의 시설물도 보강되었다. 그간 광동중학교 학교숲을 다녀간 많은 사람들의 글 중에서 한 편을 소개한다.

> 나는 여기가 루소의 자연교육 온상이라고 생각하였습니다. (중략) 오늘의 교육 현장은 입시를 준비하는 학원으로 전락한 전쟁터가 되어 안타까운 현실에서 전인교육을 목표로 하는 큰 틀을 가진 광동중학교의 숲교육은 막혔던 숨통을 뚫는 기쁨이었습니다.
>
> – 윤홍로(전 단국대 총장)
> 광동중학교 교지 13호 운악(2015년 8월)

생명의숲 시범학교 선정(2006-2008), 모델학교 선정(2009) 등을 거쳐 우리 꽃심기 시범학교(경기도, 한택식물원)로 선정되어 팥꽃나무 등 우리 꽃 단지를 조성하였다. 전국 학교숲의 날을 중학교 최초로 개최해서 전국의 700여 명의 선생님들이 다녀갔다. 경기도교육청에서 학교숲 명품학교로 인증되고 서울시 교원연수 학교숲 체험장(2009) 운영 등 전국의 수많은 교원들이 다녀가는 명소가 되었다.

이후에도 아름다운 숲 전국대회에서 학교숲 수상(산림청, 2016)도 하는 좋은 결과를 얻었다. 2009년에는 생명의숲, 유한킴벌리 후원으로 모델학교숲을 운영하며 대안에너지, 녹화, 교육 및 활용이라는 주제로 옥상녹화, 온실 운영 등을 하며 최전성기를 맞이했다.

하지만 3~4년 뒤 옥상 녹화를 철거하고 이후 온실도 운영을 중단하다 2018년 학교숲을 일부 훼손하고 풋볼장을 만드는 과정에서 숲이 많이 훼손되었다. 학교숲의 지속 가능성에 대한 많은 숙제를 안고 남은 숲으로 겨우 명맥을 유지하고 있다. 대한민국 최초의 산림중고등학교라는 정체성과 역사를 장점으로 살리지 못하는 부분이 매우 아쉽다.

나한송이 멋진
제주시 함덕초등학교

　제주도 동북쪽 함덕해수욕장 가까이 있는 함덕초등학교는 드넓은 푸른 운동장과 오래된 후박나무, 나한송, 자귀나무 등이 어우러진 아름다운 학교이다. 함덕해수욕장 쪽에 있던 학교는 1974년에 북쪽으로 살짝 물러난 현 위치로 이전했다.
　본관 앞 나한송은 높이가 약 5m로 내가 학교에서 본 나한송 중에서는 제일 오래된 멋진 수형이다. 나한송은 추위에 약한 난대성 상록수이기에 제주도에서만 볼 수 있다. 함덕초, 온평초 등에서 잘 자란 나한송을 볼 수 있다. 필자는 나한송이 잎도 시원하고 수형이 좋아 아파트 베란다에서 10여 년째 키우고 있다. 정원 경계석은 모두 제주 화산석이라 정말 자연스럽고 편안한 느낌이다. 화산석 위 가득한 해국이 꽃 피면 어울린 풍경이 멋질 듯하다.

　학교를 방문한 6월의 정원 주인공은 신비로운 꽃을 피운 자귀나무이다. 오래된 자귀나무는 수피도 하얗고 고목의 위용을 보여주며 환상적인 꽃을 피우고 있었다. 수련과 금붕어가 있는 얕은 자연습지가 주위의 큰 나무들과 조화를 이룬다.
　인조잔디 깔린 운동장 옆 공간은 꽤 넓은데 자연잔디이다. 학교와 도로 사이에는 따로 경계가 없이 소나무와 왕벚나무 등이 심어져 있어 너무 좋다. 1960년 동창회에서 심은 비자나무 군락도 멋지다. 오래된 학교라 공덕비 등이 매우 많아 정원 한쪽에 모아 놓았다. 학교 역사의 산물이다. 유치원 앞 평지이던 정원에 흙동산 2개를 만들고 다양한 나무를 심었다. 가운데는 베트남산 돌을 깔아 어린이 보행길을 만들었다. 유치원 앞 걷는 길이 이렇게 좋을 수가. 아이들이 그린 돌 그림 작품이 아주 자연스럽게 흩어져 있다.

2021년 3월 부임한 교장선생님이 교목을 왕벚나무로 바꾸고 기념식수했다. 학교 정원에 있는 그늘막, 벤치 등 시설물이 하나같이 정겹고 개성 있게 잘 만들었다. 교장선생님의 말씀에 의하면 밀집된 숲 정리를 하고 자연습지도 만들고 둔덕을 만들어 공간의 맛을 더욱 살렸다.

학교 안에는 후박나무숲, 비자나무 군락, 나한송, 은행 울타리, 왕벚, 해송, 담팔수, 매실, 해국, 향, 홍가시나무, 자귀나무, 당종려, 소철, 무궁화, 이팝나무, 먼나무, 감나무 등 수종이 매우 다양하다.

본관 앞에는 가이쯔까향나무가 줄 맞추어 심어져 있다. 한때 제주 교육청에서 일제 잔재 가이쯔까향나무 제거 요청이 있었지만 동창회에서 심은 나무들이라 그대로 두었다 한다. 교목이 향나무였으나 최근에 왕벚나무로 바꾸고 기념식수도 했다.

도심 속의 학교숲
서울시 돈암초등학교

돈암초등학교 학교숲은 2014년 6월 드림스쿨 7호 사업으로 조성되었다. 느티나무, 편백나무, 산딸나무, 산사나무, 산수유 등을 심고 관목으로는 좀작살나무, 남천, 회양목, 조팝나무 등을 심었다. 봄철에는 산사나무 꽃이 먼저 피고 이어 산딸나무 꽃이 핀다.

관목인 좀작살나무의 열매는 처음에는 연두색이었다가 깊어가는 가을과 함께 차츰 연보라색으로 변한다. 늦가을에는 마치 자수정 구슬을 매달고 있는 것처럼 보여 관심을 끈다. 이래저래 돈암초 학교숲의 인기는 좀작살나무의 열매이다. 키 큰 산딸나무 열매와 함께 아이들의 눈높이에 잘 들어오는 보라색 열매이기에. 초화류는 봄, 여름 꽃 옥잠화, 비비추, 범부채, 가을에 보라색 꽃을 피우는 층꽃을 심었다.

　학교숲 조성 후에는 다음 해부터 3년간 학교숲 활용 수업을 꾸준히 하며 학생들에게 자연과 친해지게 했다. 숲해설가 선생님들이 학교숲에서 10회에 걸쳐 생태수업을 하는데 곤충수업, 나뭇잎을 활용한 천연염색 실습, 맨손으로 거름주기, 관찰일지 쓰기, 자연 이름 짓기, 밧줄놀이 등으로 학생들이 매우 좋아하는 수업이다.

　도시의 아이들이 전혀 경험하지 못한 자연생태 수업을 하고 나면 저절로 숲속에서 보내는 시간이 많아진다. 보고, 만지고, 느끼는 체험교육이 너무 부족한 우리 교육 현장에서 학교숲 활용교육이 주는 효과는 대단하다. 생명의숲은 학교숲 조성으로 그치지 않고 학교숲 활용교육을 꾸준히 하고 있다. 학교숲 운동 초창기에는 학교숲 관찰일지전을 하고 시상하기도 했다.

어느 해인가 관찰일지 대상을 받은 학생이 소감을 말하는데 대학교에서 식물을 전공하는 공부를 하고 싶다고 했다. 학교숲 체험을 통해 삶의 길을 찾기도 한다는 생각에 보람을 느낀 순간이었다. 돈암초등학교 학교숲은 물주기를 위해 배관 호수를 설치하고 가뭄 대비를 잘해서 유달리 관리가 잘 되었다. 방문 당시 사정을 들어보니 매일 물주고 관리하는 사람이 당시 교장선생님이었다.

아이들이 자연환경에서 뛰어놀고 체험하고자 하는 교장선생님의 열정이 있었기에 숲이 더욱 건강했던 것이다. 학교숲이 건강하게 유지되기 위해서는 초기에 토양 관리를 잘하는 것과 물주기를 잘하는 일이 중요하다.

운동장 한쪽에 조성하는 숲은 오랜 시간 답압으로 땅을 충분히 파고 갈아엎어 퇴비를 충분히 주고 토양 관리에 정성을 주어야 한다. 물주기는 더운 여름방학 등의 공백이 관건인데 배관 호수를 숲 속에 설치하는 것이 좋은 방법이다. 돈암초등학교에는 학교숲을 매우 사랑하는 교장선생님의 노력으로 건강한 숲이 유지되고 있는 것이다.

2017년 서울시로부터 에코스쿨로 지정받아 건물과 건물 사이 중앙 정원에 또 다른 풍성한 학교숲을 조성했다. 그래서 학교 곳곳은 숲으로, 정원처럼 잘 조성되어 있다. 아쉬운 점은 학교 운동장 놀이터 시설 개선 공사로 드림스쿨 조성지 일부가 훼손되고 있었다. 2019년 방문 당시 물줄기 호스 배관 등이 잘 되어 숲이 매우 건강했었는데 2021년 9월 방문시 산사나무, 산딸나무 3주가 고사하는 등 일부 피해가 보였다.

  학교에서 여러 공사를 할 때 나무나 꽃을 함부로 생각하는 경우가 있는데 더불어 사는 생명체로 인식하고 주의해야 한다. 에코스쿨 조성지 숲은 아주 건강하다. 건물 공사와 달리 학교숲 조성은 시차를 두고 여러 차례 하면 보완도 되고 한층 건강한 숲이 될 수 있다. 생명의숲과 삼성화재가 함께한 드림스쿨 학교숲 조성과 서울시에서 조성한 에코스쿨 학교숲 만들기의 합작으로 생태환경이 우수하게 된 돈암초등학교의 사례가 많아지기를 기대한다.

숲속 체험교육의 원조
충주시 목행초등학교

　목행초등학교는 학교숲 운동 초창기부터 전국적으로 널리 알려진 곳이다. 학교숲 가꾸기 연혁에 의하면 1991년부터 은행나무 23주 등을 심으며 시작되었고 2000년 향기원, 화목원 등을 만들며 생명의숲 시범학교가 되었다. 2001년에는 숲속 체험 학습장을 완성한다. 2002년부터는 학교숲 체험 캠프를 열어 충주 시내 12개교 241명이 참가하였다.

　지역의 중심 학교가 되어 인근 학교 학생들 캠프와 방문교육을 한 것은 학교숲 중심 센터의 역할을 한 가장 모범사례이다. 이때부터 목행초등학교는 학교숲 전파에 지대한 공을 세운 것이다. 교문 주위 화목원의 주요 수종은 때죽나무, 서어나무, 상수리나무, 졸참나무, 팽나무, 튤립나무, 층층나무, 산사나무, 이팝나무, 야광나무, 팥배나무 등이 있으며 관목으로는 병꽃나무, 산수국, 덜꿩나무, 좀작살나무, 명자나무, 보리수, 영산홍, 자산홍, 목수국 등이 있다. 잣나무숲, 화목원, 새싹들의 동산, 우리꽃마을, 향기원 등 주제 동산을 만든 것도 매우 좋은 생각이다.

숲속 놀이터에는 곤충사육지, 통나무 놀이장, 버섯재배장, 진흙놀이장, 통나무 계단놀이장, 원두막, 연못, 오두막 하늘관찰장, 움집, 곳간, 우리꽃 재배장, 통나무 관찰장, 맨발체험장 등 다른 학교에서 상상할 수 없는 공간을 구성했다. 어린이들이 숲체험을 할 수 있는 모든 것을 갖춘 숲속 학교이다.

넓은 텃밭과 숲속길, 잣나무숲도 상쾌하다. 2000년도를 맞아 자연관찰 학습원에 새천년 기념식수를 했다. 주목, 반송, 사철나무, 잣나무, 칠엽수 등을 울타리에 심고 안쪽으로는 이팝나무, 마가목, 모과나무, 배롱나무, 수수꽃다리, 꽃사과, 앵두나무, 회화나무, 단풍나무, 산딸나무, 살구나무, 자두나무, 매실나무, 대추나무 등을 심었다. 메타스콰이어, 오죽, 소나무 등도 어울린다. 특히 5회 졸업생, 14회 졸업생 기념식수가 빛난다. 졸업생들의 기증 수목이 많아서 보기 좋다.

누가 어느 곳에 어떤 나무를 심었는지 기록해두었다. 문화재와

함께하는 자연학습 관찰원은 새로운 관점을 보여주었다. 향토유물원에는 지역에서 수집한 석상, 방아돌 등 다양한 석물을 전시하고 단풍나무 아래 쉼터를 마련했다. 주위에는 들풀들을 심어 문화재와 숲을 함께 즐길 수 있는 배려를 했다.

학교숲은 전국에 알려져 반기문 전 유엔총장, 교육감이 다녀가고 전국의 학교숲 관심 교장선생님들이 꼭 다녀가는 학교숲이 되기도 했다. 교내 곳곳에 환경체험 학습장, 우리꽃 마을 등의 안내판을 설치해서 생태환경 교육이 일상에서 이뤄질 수 있도록 했다.

학교숲 가꾸기 안내판에는 매발톱, 금낭화, 흰노랑민들레, 노루귀 등 구체적인 야생화 이름도 있어 학생들이 쉽게 알 수 있도록 세심한 노력을 한 흔적이 보인다. 한때는 충주 시내의 어느 학교라도 목행초등학교의 체험학습장을 이용할 수 있게 교육청에서 차량 지원을 했다. 충주 지역의 학교숲 교육 중심이 되어 선도적 역할을 한 것이다. 나무, 풀꽃 등과 어우러진 학교를 꿈꾸며!

상록수 가득한
창원시 월영초등학교

 월영초등학교는 2000년대 학교숲 운동 중심 학교였다고 한다. 부산대학교 조경학과 최송현 교수가 새로운 학교숲을 디자인하였고 전국에서 벤치마킹하는 모델숲이 되었다. 정형식 학교 화단에

숲 개념을 도입하여 종 다양성을 주제로 자유 배식과 다층식재, 그리고 숲체험길을 조성하여 멋진 숲으로 바뀌었다(창원에 계신 나무 어르신 불휘미디어 박정기 137쪽 인용).

창원시에서 활동하는 박정기 곰솔조경 대표는 2004년부터 월영초등학교에 여러 차례 나무를 심고 숲속길과 쉼터를 조성하고 수목해설판을 만드는 학교숲 조성에 참여하였다. 2010년대에는 학교숲 나무 관리 작업까지 하는 등 월영초 학교숲의 산 증인이라 할 만하다.

월영초등학교에는 남부 수종인 상록활엽수를 많이 심은 덕분으로 지금은 기후변화와 미세먼지 대응에 꼭 필요한 생명의 숲이 되었다. 도시 지역은 생태 공간이 많이 부족한데 월영초등학교처럼 학교숲이 잘 조성되면 도시의 허파 기능을 할 수 있는 것이다. 난대림 수종과 온대림 수종이 잘 어울려 사는 월영초 학교숲의 나무들은 어떤 종류가 있는지 확인해보았다.

난대 수종으로는 먼나무, 꽝꽝나무, 비파나무, 후박나무, 구실잣밤나무, 아왜나무, 굴거리나무, 금목서, 은목서, 구골나무, 돈나무, 팔손이나무, 졸가시나무, 종가시나무, 삐쭈기나무 등이 있다. 특히 종가시나무가 10여 주가 있는데 학교와 마을 사이 경계 가로수로 자라고 있다. 상록참나무 형제들이 많이 있는 점이 눈에 띈다. 제주도에서 자라는 종류도 많아 지역의 기후를 알 수 있게 한다. 덕분에 겨울철에도 늘 푸른 잎들이 숲에 가득하다.

온대 수종은 자귀나무, 광나무, 노각나무, 모과나무, 산딸나무, 산사나무, 상수리나무, 회화나무, 왕벚나무, 느티나무, 층층나무, 쪽동백나무, 단풍나무, 벽오동나무, 가래나무, 곰솔, 팽나무 등이 있다. 일반 학교에서 상상할 수 없는 다양한 수종이 어울려 숲을 이루고 있다.

2020년에는 학교숲 프로젝터로 학교숲 안에 오솔길을 만들고 본관 건물 사이에 생태 정원과 텃밭을 만들었다. 학교숲 가꾸기를 꾸준히 잘해오고 있는 학교의 모범사례이다. 월영초등학교처럼 상록수와 활엽수가 조화를 이룬 풍성한 학교숲은 여러 가지 기능을 한다.

① 사시사철 녹색벨트를 유지하며 도시숲 기능을 확실히 한다.
② 도시의 이산화탄소 흡수와 미세먼지 등 오염물질을 흡수하여 대기질 개선을 한다.
③ 새들과 곤충이 잘 살 수 있는 환경이 되어 생태계 순환에 순기능을 한다.
④ 학교숲은 오염물질을 배출하지 않고 학교 주위 시민들의 산책공원 기능을 한다.
⑤ 도시열섬 완화 및 온도 조절 기능을 한다.

마을 주민과 졸업생이 만든 정원
밀양시 예림초등학교

　밀양시 예림초등학교는 밀양교육지원청과 붙어 있다. 학교 본관과 운동장 사이에 아주 넓은 멋진 숲이 있다. 이 숲은 특이하게 다양한 수종이 잘 어울려 깊은 역사를 잘 보여주고 있다. 학교를 방문해서 교장선생님에게 이야기를 들으니 이해가 되었다. 학교 초기에 학부모이자 지역주민인 사람들이 각자 저마다 큰 나무를 산에서 들에서 구해와서 심었다고 한다.

　대부분의 학교는 계획에 의해 심은 나무들이 일정하게 자라지만 예림초의 나무들은 한마디로 무질서하게 심어진 것이다. 그 결과로 자연스럽고 다양하고 재미있는 아주 귀한 숲이 된 것이다.

　수종도 다양하다. 굴피나무, 모과나무, 소나무, 회화나무, 후박나무, 튜우립나무, 서어나무, 개잎갈나무, 민주엽나무[6], 목서, 당종려

6　민주엽나무 : 가시가 없는 주엽나무이다. 민이 붙으면 원줄기에 가시가 없다는 뜻으로 민두릅 등이 그 예이다. 나무의 잎, 줄기, 열매 등 생김새 모두 똑같지만 줄기에 자기방어를 위한 가시를 포기한 나무이다. 사람들이 가시를 약재로 가져가니 포기한 것일까? 사람들은 약재인 가시가 없으니 잘 심지 않게 되고 자연스럽게 민주엽나무는 보기가 매우 힘든 희귀

등이 자연스럽게 어울려 고목의 위용을 자랑하며 조화롭게 살고 있다. 그래서 자연스러운 식재와 어울림이 어느 학교보다 뛰어나다. 2015년에는 산림청 명상숲까지 조성되어 교문에서 본관에 이르는 넓은 공간에 새로운 정원이 탄생했다.

특히 키가 큰 메타스콰이어가 멋진 수벽을 이루며 스카이라인을 멋지게 하고 있다. 학교는 2021년 현재 학생 수 50여 명으로 줄었다고 한다. 이 학교를 다니는 학생들은 교정 곳곳에 있는 오래된 나무와 텃밭 등 자연체험을 늘 할 수 있는 행복한 여건을 갖고 있다.

한 나무가 되었다.

매실나무 가득한 정원
광주시 동성여자중학교

학교법인 유은학원은 개교 100년이 넘는다. 광주동성고등학교, 광주동성중학교, 광주여자상업고등학교, 광주동성여자중학교 4개 학교가 한 울타리에 있다. 동성여자중학교는 정문에서 가장 멀리 서쪽으로 있다. 덕분에 서쪽의 금당산 자락과 연결된 학교 부지에 숲을 별도로 조성할 수 있었다. 학교숲 입구는 동성여자중학교에서 시작하지만 광주여상 뒤까지 조성되어 있다.

학교숲 이름은 누리동산 명상숲이다. 학생회에서 기념식수한 나무도 중앙에 있다. 실화백나무도 좋고 히어리, 홍가시나무 등이 있으며 금당산 쪽으로는 매실나무가 많이 심어져 있어 매실나무밭이라고 할 만하다. 명상숲 안에는 그늘막, 나무 의자 등이 학생들의 쉼터로 조성되어 있다.

동성여중의 교목인 개잎갈나무는 초입에 서 있으며 학교숲에는

산사나무, 배롱나무, 백목련, 느티나무, 홍단풍, 청단풍나무 등이 서 있다. 히어리는 한국에서만 자라는 특산물이다. 순천 송광사 입구에는 송광주민자치회에서 풀뿌리 사업 안내판을 세워 히어리를 다음과 같이 소개하고 있다.

히어리는 송광의 꽃나무, 납판나무, 송광납판나무라고 불린다. 순천 송광사 근처에서 처음 발견되어 붙여진 이름이다. 잎사귀가 두꺼워 마치 밀랍으로 만든 것 같다는 뜻으로 본다. 개암나무를 닮아 영어 이름도 겨울 개암(깨금)이다. 꽃은 포도송이처럼 초롱 모양으로 땅을 향해 핀다. 아름다움이 보는 사람으로 하여금 감탄을 자아낸다.

토종 나무로 송광납판화라는 별명이 있다. 홍가시나무 두 그루는

5월이면 흰색 꽃이 가득 피어 안개꽃을 머리에 장식한 듯 보인다. 생태학습장 표시도 있고 학생회에서 기념식수한 팻말도 보인다. 많은 관심과 활용으로 학교숲이 더욱 빛난다. 광주광역시 남구청에서 만든 누리동산 명상숲 안내판에는 다음과 같이 설명하고 있다.

> '누리'는 세상을 예스럽게 이르는 말입니다. 그리고 '동산'은 마을 부근이나 집 근처에 있는 낮은 언덕이나 작은 산, 정원, 숲을 가리키며 비유적으로는 평화롭고 행복한 곳을 이르는 우리 고유어입니다. 누리동산은 누리와 동산이 결합한 합성어로 동성여중 학생들이 세상의 중심인 동성여중에서 마음의 평화와 행복을 꿈꾸는 '꿈동산'으로서의 의미를 담았습니다. 아울러, 먼 훗날 이곳을 찾을 때는 유년의 추억이 깃들어 있는 '옛동산'으로서의 뜻을 기대해봅니다. (광주광역시 남구)

산림청과 지자체가 함께 조성하는 명상숲은 해마다 약 100여 개의 학교에 숲을 조성한다. 2023년 기준으로 전국의 2,100여 학교에 이른다. 지금은 학교숲으로 통일하였다. 동성여중 학교숲은 사후관리 활용 우수학교로 2019년 10월에 장려상을 받았다.

당시 심사위원으로 참여했는데 남구청 담당자 공무원들의 열정이 가득 느껴졌다. 안내판에도 나타나 있지만 지역의 학생들이 명상숲을 통해 많은 체험과 좋은 기억들을 가지기를 바라는 간절한 마음이 매우 돋보였다.

운동장이 숲이 되다
부천시 소명여자고등학교

경기도 부천시 원미동에는 소명여자중학교와 소명여자고등학교가 한 울타리에 있다. 소사벌을 빛내라는 뜻으로 소명이라는 교명이 지어졌다 한다. 아름다운 학교숲으로 소사벌만 빛내는 것이 아니라 전국적으로 빛나고 있는 소명여중고이다. 그 이유는 하나뿐인 운동장을 숲으로 과감하게 만들었기 때문이다.

2001년 운동장 약 900m를 생명의숲과 함께 학교숲으로 만드는 설계를 하고 2002년부터 2005년까지 본격적인 나무심기를 진행했다. 생명의숲에서 시범학교로 선정해서 학교숲을 조성한 것이다. 평평한 운동장 주위를 마운딩 처리하여 둔덕을 만들어 나무심기를 진행했다.

키 큰 나무인 층층나무, 목련, 이팝나무, 때죽나무, 꽃사과나무,

산딸나무, 팥배나무, 소나무, 모감주나무, 배롱나무[7] 등을 심고 계절별로 관찰할 수 있게 했다. 덕분에 봄에는 푸른 새잎과 흰 꽃들을 보고, 초여름이면 모감주나무 황금빛이 빛나고 한여름에는 배롱나무 붉은 꽃, 분홍 꽃을 볼 수 있다. 가을에는 울긋불긋 단풍을 즐길 수 있다.

---

[7] 배롱나무 : 봄철 꽃들의 향연이 끝나고 주위가 신록으로 가득할 때 유독 붉은 꽃으로 오랫동안 빛나는 배롱나무는 여름의 주인공이다. 요즈음은 흰색, 분홍빛 색, 자주색 등 다양한 꽃의 배롱나무가 도시의 가로수와 도시숲에 점점 많아지고 있다. 지구온난화와 기후변화도 배롱나무가 전국적으로 번지는 이유이다. 추위에 약해 남부지방에서만 볼 수 있던 배롱나무를 수도권, 경기 북부권에서도 쉽게 볼 수 있다. 꽃이 100일 동안 피고 져서 백일홍나무라는 별명도 얻게 되었다. 수피가 특이하게 미끄러워서 늘 쉽게 구분할 수 있다. 소명여자중학교 본관 앞의 배롱나무 군락들도 상당히 기품 있게 잘 자라며 여름, 가을 교정을 더욱 아름답게 빛내고 있다.

건물 옆 공간은 느티나무를 중심으로 벤치공원을 만들었다. 학생들이 편하게 대화를 나눌 수 있는 의자들이 충분해서 좋다. 교문 들어서면 왼쪽으로 소명여중의 교목인 은행나무가 줄지어 있다. 학교 숲답게 나무 아래에는 중간중간 편한 벤치들이 잘 어울린다.

특이한 점은 나무마다 학생들의 번호표와 나무 이름표가 바코드 되어 함께 새 모양에 붙어 있다. 참 좋은 생각이다. 나무들마다 짝지은 친구나무라는 이름표가 붙어 있다니 감동이다. 중학교 과학동아리 학생들의 작품이라고 한다. 친구나무! 얼마나 멋진 이름인지 모르겠다. 앞으로 다른 학교 나무들에게도 이 방법을 알려주면 좋겠다.

소명여자고등학교 구역으로 오니 소명원이라는 멋진 숲속 교실 정원이 나타난다. 평지가 아니라 나지막한 언덕이다. 경사가 있어서 더욱 어울리는 숲속 공간이다. 나무들이 풍성한 그늘을 만들고 있어 최고의 녹음교실이다. 중앙과 오른쪽에 키 큰 상수리나무가 대들보처럼 버티고 있어 시원한 그늘을 만들고 좌우로 단풍나무와 일본목련이 서 있다.

뒷쪽으로는 적송 5그루가 중심을 잡아주고 있다. 자연스러운 숲속 교실에 있는 나무 의자는 넉넉해서 300여 명 정도 앉아 음악회나 강연회를 할 수 있는 숲속 교실이다. 평소에는 학급별 야외수업을 한다고 들었다. 학생들의 쉼터로 이만 한 곳이 어디 있을까? 평소에도 나무 그늘 의자에 앉아 친구들과 대화를 나눌 수 있으니 훌륭한 힐링 공간이다. 갈등과 번민도 이 자리에서는 저절로 해결될 것 같다.

　소명원 바로 앞에는 '도담도담'이라는 이름을 가진 나눔 생태텃밭이 있어 학생들과 선생님이 함께 농작의 시간을 가질 수 있다. 학교 숲이 우거지면서 학생들의 생활도 변해간다고 한다. 사색하고 나무를 관찰하는 진지한 모습, 숲속에서 여유를 갖고 친구들과 어울리는 모습 등 자연 속의 철학자 같은 장면들이 자주 보인다고 하니 이 또한 숲이 주는 깊은 가르침 아닐까?

도심 빌딩 숲속의 작은 생태 녹지
서울시 성동글로벌경영고등학교

성동여자상업고등학교로 오랫동안 각인되어 온 성동글로벌경영고등학교는 옛 동대문운동장 옆에 있다. 학교는 이제 도심의 빌딩에 둘러싸인 녹색이 매우 부족한 삭막한 곳이 되었다. 2017년 한양중, 한양공고에서 학교숲 조성을 원해 방문해서 심사를 한 후 공간이 너무 부족해 포기한 경험이 있다. 그 바로 옆에 자리한 성동글로벌경영고등학교를 2018년에 방문했다. 교장선생님이 매우 적극적이고 운동장도 많은 부분 과감하게 학교숲으로 해도 된다고 해서 감동을 받았다.

조기축구나 주차장 등으로 일절 사용하지 않는다고 했다. 오랜 기간 여자상업학교로 이어져 온 전통 등을 생각해서 라일락을 핵심으로 삼고 다양한 라일락 식재 설계를 주문했다. 시공을 맡은 오한나 대표는 생명의숲 회원이고 연천 왕산초 등 학교숲 조성 경험이

많아서 뜻이 잘 맞았다. 연못을 중심으로 산책길을 내고 붓들레아(썸머 라일락)를 많이 심었다.

붓들레아는 몇 년째 잘 자라며 멋진 꽃과 향기로 나비들을 불러 모으고 있다. 도심의 한복판에 아주 작은 녹색지대가 제대로 작동하는 기쁨을 맛본다. 느티나무의 풍성한 그늘과 산사나무의 봄꽃과 가을 열매, 이팝나무의 하얀 꽃, 배롱나무의 화려한 여름꽃 등을 보며 여고생들의 뇌리 속에 푸른 꿈도 함께 익어가리라는 확신이 든다.

포토존으로 만든 멋진 의자와 화살나무에 둘러싸인 나무 벤치도 추억의 한 장을 만들기에 충분하다. 꽃범의 꼬리, 꽃댕강나무도 녹색 숲속에서 빛나고 있다. 학교는 서울시 중구청에서 인공지반 녹화사업으로 옥상에도 정원을 만들었다. 학생들의 접근성이 뛰어난 옥상이라 그 가치가 더욱 빛난다.

이렇게 도심 빌딩 한복판에 녹색의 축을 만들어낸 성동글로벌경영고등학교 학교숲이 자랑스럽다. 작은 연못은 수생태계를 잘 유지하고 있다. 동대문운동장 주위는 대표적인 도심의 혼잡지로 녹지공간이 절대적으로 부족한 곳이다. 학교숲은 바로 이런 도심 빌딩 거리의 허파 역할을 하며 시민들에게 녹색 안정을 준다. 가성비가 높은 도심의 학교숲이 더욱 풍성해져야 한다.

제4장

주민과 함께 나누는 학교숲

북한산 자락 생태환경이 좋은
서울시 진관초등학교

서울시 은평구 은평뉴타운 진관초등학교는 주위 생태 공간도 좋고 학교 안에도 넉넉한 숲이 잘 조성되어 있다. 학교 서쪽은 북한산 응봉능선이며 교문 바로 건너편이 이말산이다. 이말산 내 진관근린

공원이 있고 이말산 생태놀이터가 있어 아이들이 숲속에서 지내기가 환상적이다. 학교 정문을 들어서면 나무 위에서 놀고 있는 어린이들 그림과 문구가 매우 인상적이다.

푸른 진관숲에서 행복한 상상을 키우고 함께 꿈을 만들어갑니다.

학교 건물은 거의 연결되어 있지만 각 동의 출입구에는 나무 이름으로 구분하고 있어 인상적이다. 참나무동, 무궁화동, 소나무동, 매화동 등이다. 수많은 학교를 다녀보았지만 처음이다. 다른 학교들도 참조해서 평소에 학생들에게 생태교육이 이뤄지면 좋겠다. 학교 곳곳에 살구나무, 자두나무, 마가목 군락을 이뤘고 왕벚나무 군락지도 있다. 흙운동장과 창롱천 경계는 특이하게 자엽자두 15주를 심어 늘 붉은 잎으로 가을 기분이 물씬 난다.

학교를 상징하는 교표는 숲의 형상이며 자연과 함께하는 배움을 뜻한다고 한다. 교목은 소나무인데 학교 곳곳에 소나무 군락이 있다. 학교의 기본 조경이 잘 되었지만 2016년 5월 생명의숲과 함께 금강제화가 후원한 랜드로바 진관학교숲을 조성했는데 소나무, 왕벚나무, 말발도리, 화살나무, 덜꿩나무, 회양목이 자라서 조밀한 숲을 이루고 있다.

2018년에는 서울시 교육청 학교숲 사업인 에코그린스쿨(2018) 조성으로 더욱더 풍성한 숲이 되었다. 학교 정문 안쪽에는 야생화 화단을 만들어 할미꽃, 돌단풍, 은방울꽃, 무늬둥글레, 왕원추리, 용담 등 많은 꽃들을 심었다. 학생들이 수시로 볼 수 있는 좋은 자연환경이다.

에코그린스쿨 정원은 건물 사이에 있어 중앙 정원 분위기이다. 키가 매우 큰 자작나무 두 그루가 입구에서 위용을 자랑한다. 산수유, 병꽃나무, 죽단화, 느티나무, 산딸나무, 스카이측백도 주인공이고 가우라, 수수꽃다리, 남천 등이 어울린다. 다만 추위에 약한 남천은 생육 상태가 좋지 않다.

상상마루라는 정자는 학생들의 숲속 쉼터이다. 학교 곳곳에는 녹지가 잘 조성되어 나무들이 자란다. 복자기나무, 살구나무, 자두나무 군락을 만든 참나무동 앞 공간도 좋고 운동장 쪽 화단에 심은 마가목 군락과 덜꿩나무도 잘 어울린다. 참나무동 앞 스트로브잣나무를 강전지로 보기 흉하게 한 것은 안타깝다. 나무의 특성을 무시하고 목을 치는 닭발나무처럼 만든 것이다.

한동안 지나친 강전지로 가로수 모양을 닭발처럼 만든 잘못된 사례에 사회적 합의로 철퇴가 내려졌다. 이제는 나무 전지에 대해 함부로 하는 일이 없어야 한다. 전지를 하는 이유는 안전상의 문제로 하는 경우가 많은데 스트로브잣나무는 아무 문제도 없는 나무이다. 창룡천 경계에는 자엽자두, 느티나무, 단풍나무, 메타스퀘이어 등 키 큰 나무들이 잘 자라고 있다.

최근 교육청 예산이 사회적 문제가 되고 있는데 녹지 공간이나 학교숲 조성에 더욱 많은 예산이 사용되어야 한다. 다목적관, 체육관, 급식소 등은 거의 완성되었기 때문이다. 교실 내 스마트 환경도 많이 이뤄졌지만 교직원과 학생들의 건강을 위한 생태환경 예산은 거의 집행되지 않았다. 실내 조경, 학교숲 조성, 녹지 생태공간, 운동장 일부를 녹화하여 정원으로 만드는 문제에 대해 국민적 합의를 이끌어내어야 한다.

칠자화나무 가득한
광주시 서석고등학교

광주시 서구 화정동에 있는 서석고등학교는 1974년 개교하였다. 학교 이름 서석(瑞石)은 무등산 정상에 있는 주상절리 서석대에서 따온 이름이다. 학교 정문을 들어서면 교목인 소나무가 멋들어지게 서 있고 그 앞 큰 돌에 '서석인이여, 빛 속을 걸어가라'라는 글이 보인다.

교문 안으로 오른쪽에는 유당공원이 조성되어 있고(2023년 5월) 중학교 건물 앞에는 넓은 정원이 조성되어 있다. 운동장 쪽으로는 다른 학교에서 보기 힘든 칠자화나무와 먼나무를 번갈아 심었다. 고등학교 본관 앞까지 칠자화나무와 먼나무 식재는 연결된다. 칠자화나무는 인동과 나무로 8~9월에 흰색 꽃이 7장 핀다고 일곱 아들꽃이라는 이름이다.

흰색 꽃이 피었다가 지고 나면 그때부터 꽃받침이 붉게 변하는데

　마치 두 번 꽃피는 것으로 오해하기 좋다. 붉은 꽃받침이 마치 꽃이 핀 것처럼 보이기 때문이다. 흰색 꽃보다 붉은 꽃받침이 화려해서 주객전도라는 말이 생각날 정도이다. 대략 세어보아도 30여 주는 되어 보인다.

　황후의 나무라는 별명을 가진 칠자화는 우리나라에 들어온 지 그리 오래되지 않는다. 꽃에서 쟈스민향이 나고 수피는 밝은 회백색으로 마치 배롱나무처럼 얇게 벗겨진다. 2008년에 미국 최우수 조경수로 선정되기도 하고 추위와 더위에도 매우 강해서 조경수, 가로수로 인기 높다. 밀원이 부족한 8~9월 벌과 나비를 불러 모으는 최고의 밀원수이다. 국내에서 대량 번식에 성공하여 점차 보급되고 있는 나무이다. 먼나무도 가을부터 겨울 내내 이른 봄까지 붉은 열매를 달고 있다.

　본관과 테니스장 사이에는 서석원이라는 정원이 있다. 2018년에 생명의숲 드림스쿨 33호로 조성한 숲이다. 드림스쿨은 삼성화재 임직원이 급여에서 모은 돈으로 출신학교 모교에 정원을 만들어주는 사업이다. 서석원에는 배롱나무 군락과 회화나무, 홍가시나무, 팽나무, 반송, 모감주나무, 이팝나무, 산딸나무, 동백나무, 배롱나무, 은목서 등이 자란다.

　정원 중앙에는 나무데크 휴식터가 있어 놀이터, 쉼터, 배움터 역할을 한다. 서석원 뒤쪽과 서석힐링숲길 옆으로는 고층아파트가 들어서서 위압적으로 학교를 내다보고 있다. 이 어색한 분위기를 조금이나마 지워주는 것이 녹색의 경계숲이다. 큰 나무가 둘러싸고 있고 줄장미와 찔레꽃나무들이 짙은 녹색으로 감싸고 있다. 넓은 운동장 스텐드에는 등나무가 심어져 좋은 그늘을 만들고 있다. 서

석원과 교내 곳곳에는 졸업한 동문들이 기념식수한 나무들이 있어 보기 좋으나 수종은 거의 소나무, 은목서 등이다.

서석힐링숲길은 운동장 쪽으로는 홍가시나무가 줄지어 있는데 붉은색 새순이 장관이다. 5월에 피는 흰 꽃이 마치 솜사탕을 흔드는 모습이다. 홍가시나무의 특징을 살려 운동장과 힐링숲길 경계목으로 심은 것은 좋은 아이디어이다.

이렇게 특색을 살린 창의성 있는 나무심기가 필요한 것이다. 서석힐링숲길 안쪽에는 단풍나무, 배롱나무, 백목련, 일본목련, 느티나무, 메타스퀘이어, 무궁화, 이팝나무 군락, 배롱나무 군락이 어우러져 있다. 아파트 경계 쪽으로는 줄장미와 찔레꽃이 자라고 있다.

힐링숲길은 총동문회관 앞에서 메타스퀘이어 11주가 늘어선 숲길로 만난다. 학교 안에 이런 좋은 숲길이 있다는 것은 교직원, 학생에게 행복한 일이며 새벽 운동과 저녁 운동을 하는 지역주민에게 풍성한 복지시스템이다. 계절마다 새로운 분위기를 느끼며 숲길 따라서 걷는 것은 행복한 일이다. 서석힐링숲길이라는 이름 그대로이다.

마을과 하천을 품은 학교숲
제주시 남녕고등학교

제주시 노형동에 있는 남녕고등학교는 큰 숲이 좋은 학교이다. 학교 동쪽 경계는 슬천이라는 계곡물이 흐른다. 평소에는 건천이기는 하지만 계곡이 깊고 넓어 시원한 맛이 난다. 이 슬천을 따라 이뤄진 상록숲이 학교를 잘 에워싸고 있다.

운동장은 인조잔디이고 본관과 운동장 사이는 꽃댕강나무[8]로 가늘 채워서 매우 풍성한 맛이 난다. 후박나무, 구실잣밤나무, 동백나무, 담팔수 등의 상록수와 느티나무, 벚나무 등의 낙엽수가 어우러진 숲은 원시림 같은 분위기가 물씬 났다. 11월 중순인데도 숲속에는 새소리가 가득했다. 학교 설립은 1935년이지만 이 숲들은 학

---

8 꽃댕강나무 : 꽃댕강나무는 본래 남부지방에서 자라는 수종으로 남부지방에서는 화단 장식용, 조경용으로도 많이 사용한다.

교가 들어오기 전에도 있던 숲이라 울창하고 고즈넉한 맛이 제대로 있다. 남녀공학에 천 명이 넘는 큰 학교이다.

운동장 앞은 천연림이 울타리 치고 있어 좋고 후문 쪽에는 큰 연못과 등나무 휴식터 등 정원의 맛이 살아있는 숲이 있어 학생들은 숲에서 쉴 기회가 아주 많을 것이다. 때마침 가득 피어 있는 털머위 꽃도 나무들과 어울린다.

대부분의 학교 조경은 운동장과 본관의 경계에 가이즈까향나무나 반송 등으로 배치하는데 남녕고등학교는 특이하게 꽃댕강나무로 가득 채워 꽃도 보고 풍성한 숲도 이루는 풍치를 잘 자아내고 있다.

이렇게 개성 있는 조경이 필요한 것이다. 앞으로의 학교 조경은 업자의 이익에 따른 천편일률적인 조경보다 학교 상황에 맞는 개성을 살려야 한다. 제주 남녕고등학교의 정원에서 색다른 멋을 보며 기분이 좋다.

중앙 정원의 모범
창원시 남산중학교

남산중학교는 개교한 지 오래된 학교는 아니지만 학교숲 조성을 잘한 유명한 학교가 되었다. 남산고등학교와 나란히 있는데 메타쉐콰이어 20여 주로 경계 구분을 하고 있다. 2003년부터 2004년까지 2년간 교육부 녹색학교 사업과 2004년부터 2006년까지 3년간 생명의숲 시범학교 사업을 동시에 진행하며 도심지 신설학교의 학교숲을 제대로 만든 사례이다.

학교 이름을 딴 남산동산은 조성면적이 2,500㎡이고 7개의 동산 이름을 붙이고 있다. 활엽수 동산, 상록수 동산, 유실수 동산, 만경류 동산, 야생화 동산, 수생생물 동산, 농작물 동산이다. 이들은 따로 있는 것이 아니라 함께 어울려 있다. 중앙 정원에는 '사색의 길'이라는 표지가 있다. 나무 사이로 굽은 길을 내어 학생들이 걷기 산책을 하게 한 것이다. 남산동산 안내판에는 학교에 심어진 나무와 꽃들을 상세하게 기록해두었다.

　상록수는 가시나무, 측백나무, 편백나무, 소나무, 금송, 백송, 섬잣나무, 잣나무, 가문비나무, 황금소나무, 개잎갈나무, 구상나무, 먼나무, 광나무, 금목서, 은목서, 태산목, 향나무, 주목 등이다. 상록수가 이렇게 다양하니 학교는 늘 녹색으로 가득하다. 금목서, 은목서 꽃이 피는 가을에는 온 교정이 향기로 가득하고 먼나무의 붉은 열매가 빛을 발한다. 활엽수는 계수나무, 황칠나무, 느티나무, 마가목, 백목련, 단풍나무, 홍단풍, 벚나무, 복자기, 산딸, 박태기, 산사나무, 팥배나무, 층층나무, 모감주나무, 이팝나무, 자귀나무, 자작나무, 상수리나무, 회화나무 등으로 풍성한 숲을 이루고 있다.

황칠나무가 보기 어려운 귀한 나무이다. 유실수로는 모과나무, 대추나무, 배나무, 감나무, 머루, 멀꿀, 호두나무, 석류, 다래, 포도, 밤나무 등이 자란다. 멀꿀은 남부 수종으로 일반 학교에서 거의 보기 힘든 덩굴 열매 식물이다. 관목으로는 미선나무, 무궁화, 병꽃나무, 철쭉, 천리향, 초피나무, 조팝나무, 좀작살나무, 황매화, 불두화 등이 있다.

미선나무는 우리나라 토종나무로 전 세계적으로 한국에만 자생하는 특산식물이다. 미선나무의 이름은 아름다운 부채라는 뜻의 미선(美扇) 또는 부채의 일종인 미선(尾扇)에서 유래한다. 열매의 모양이 둥근 부채를 닮아서 생긴 이름이며 흰색 꽃향기가 뛰어나다. 한국 특산종으로 충청북도 괴산군과 진천군에서 자라는데 이들이 자생하는 지형은 거의 돌밭으로 척박한 곳에서 자라는 독특한 생태를 가지고 있다.

미선나무의 자생지는 천연기념물로 지정되어 보호받고 있다. 진천의 미선나무는 천연기념물 14호로 지정됐으며 괴산의 미선나무는 천연기념물 147호로 지정되었다. (네이버 지식백과)

만경류(덩굴식물)로는 으름덩굴, 능소화, 담쟁이, 등나무, 마삭줄, 아이비 등이 있다. 야생화 동산은 각시붓꽃, 개미취, 접시꽃, 복수초, 금강초롱, 자란, 섬백리향, 금낭화, 범부채, 털머위, 투구꽃, 옥잠화, 칼잎용담, 은방울꽃, 할미꽃, 처녀치마, 둥근잎꿩의비름, 족두리풀, 초롱꽃, 톱풀, 박하, 석산, 분꽃 등 헤아릴 수 없는 야생화가 즐비하다. 이른 봄 복수초부터 늦가을 털머위까지 늘 야생화 꽃을 볼 수 있으니 교직원과 학생들이 얼마나 행복한 환경에서 살고 있는지 짐작할 수 있다.

중앙 정원숲 곳곳에는 연꽃 등 수생식물이 자라고 본관 앞 운동장 쪽에도 나무상자에 심은 부들 등 수생식물들도 다양하다. 수생식물은 물양귀비, 가시연, 왜개연, 골풀, 마름, 연꽃, 수련, 창포, 애기부들 등 매우 다양하다.

농작물 동산에는 고구마, 감자, 조롱박, 야콘, 호박, 율무, 보리, 배추, 수수, 제비콩 등 여러 작물을 경작한다고 안내판에 기록되어 있다. 중앙 정원 한쪽 벽에는 학교숲 가꾸기 기록이 있다.

2003~2004년   교육부 녹색학교 시범학교 운영(나무 29종 271그루)
2004~2006년   생명의숲 학교숲 가꾸기 시범학교 운영
              (나무 68종 2,090그루, 초화 83종 3,590본)
              푸른숲 가꾸기에 헌신한 교사 : 환경부장 김희곤
2003~2006년   학교숲 가꾸기 교직원 학생 참여
2006년   학부모 나무 기증

역사 기록이 학교숲 가꾸기의 모범사례이다.

숲이 고즈넉한
봉화군 물야초등학교

봉화군 물야리 작은 마을 가운데 물야초등학교와 물야중학교가 있다. 물야초등학교는 드넓은 운동장 가운데 듬성 듬성 큰 소나무가 자연스럽게 자라고 있다. 주위의 단풍나무 등과 잘 어울려서 자라고 있다. 아이들의 놀이터는 아예 숲 아래쪽에 별도로 있어 온전한 숲으로 모양새가 좋다. 학교 밖 마을길에도 금강소나무가 줄지어 있어 이 동네가 소나무 무성했던 역사를 잘 보여준다.

그중에서 학교 운동장에서 자라고 있는 소나무들이 수령도 오래되고 멋지다. 학교 건물은 아담한 2층이라 소나무숲이 가장 오래된 주인인양 우뚝하다. 이런 연유로 2001년 제2회 아름다운 숲 전국대회에서 학교숲 부문 대상을 받으며 전국에 알려졌다.

운동장 한켠으로 담처럼 줄지어 있는 것이 아니라 자연스럽게 여기 저기 자리하고 있어 균형과 배치감이 이렇게 자연스러울 수 있을까 감탄했다. 학교 정문 초입에는 양쪽으로 꽤 넓은 숲이 부채꼴로 자리 잡고 있어 더욱 풍성하다. 초등학교 분위기에 맞게 숲속에는 온갖 동물들의 모습이 적절히 배치되어 있어 실감난다.

선생님들과 손님들의 주차장도 아예 다른 공간으로 만든 것이 더욱 멋지다. 도시의 학교라면 어림 없겠지만 말이다. 급식소 뒤에도 오래된 소나무가 그대로 살고 있어 나무를 존중한 마음이 많이 느껴진다. 교문을 들어서면 좌우에 삼각형 모양의 숲이 조성되어 있다. 오른쪽 숲에는 동물들의 조각상이 실물처럼 어울린다. 이 숲속을 지나면 운동장이다. 운동장 왼쪽에는 소나무와 단풍나무 등이

어울려 자연스러운 숲을 이루고 있다. 그 숲 아래 어린이 놀이터가 있다.

학교 급식소 바로 뒤편에도 소나무가 자연스럽게 있는 것을 보니 공사하면서도 나무를 잘 배려한 것이 보인다. 교사는 2층으로 아담하다. 특이한 점은 학교 운동장 한쪽을 주차장으로 사용하지 않고 주차장은 학교 밖에 따로 만든 점이다. 이 부분을 보더라도 이 학교의 멋진 정신을 볼 수 있어 매우 기쁘다.

마을과 하나 된 숲속공원
대전시 성남초등학교

대전성남초등학교는 학교숲 개방성이 최고이다. 학교 정문 옆으로 난 학교숲길을 언제든지 편하게 걸을 수 있다. 울타리 없이 소나

　무밭을 감상하며 숲길을 걷고 야외 체육시설과 등나무 쉼터를 이용할 수 있다.

　본관 정면에는 좌우 대칭으로 나무를 맞추어 심었다. 추위에 약한 동백나무를 본관 벽에 바짝 붙여 좌우로 심었고 조금 넓은 곳에는 단풍나무를 좌우로 균형을 맞추었고 운동장 쪽으로는 주목을 좌우로 심어 통일성과 상징성을 나타내었다. 중앙 정원에는 멋진 반송이 있고 뒤쪽으로는 수형이 보기 드물게 좋은 사철나무 3주가 공간을 주름잡고 있다. 학교와 마을 경계는 자연 그대로의 풍성한 경계숲이 되었는데 측백나무 울타리와 감나무, 오동나무, 소나무가 엉켜있다.

　운동장과 도로 경계는 대나무숲이 풍성하며 큰 키 나무들은 소나무, 느티나무, 중국단풍나무, 교목 은행나무가 가득하다. 소나무는 20여 주씩 군락을 만들어 세 구역에 나누어 살고 있다. 동쪽은 중국단풍나무, 배롱나무, 모감주나무, 살구나무가 있다. 운동장보다 높게 둔덕을 쌓아 공간미를 살린 소나무숲이 신선하다. 키 큰 중국단풍이 유달리 많이 보인다.

성남작은도서관 방향의 학교 출입문은 '문 없는 문'이다. 늘 열려 있는 공간이지만 양쪽으로 11m 높이의 웅장한 느티나무가 지켜보고 수문장 역할을 하고 있다. 수령이 90여 년 되는 이 느티나무 앞에는 대전시 교육감 지정 미래목이라는 표시판이 있다. 성남작은도서관 쪽 경계숲은 대나무숲이다.

아래쪽은 금계국이 꽃밭을 이뤄 작은 식물원 같은 분위기를 연출하고 있다. 정문을 기준으로 좌, 우 양쪽으로 숲길이 잘 되어 있다. 등나무 쉼터, 벚나무, 모감주나무, 박태기나무도 많이 보인다. 관목으로는 박태기나무와 공조팝나무 등이 많이 있다. 2009년에 열린 아름다운 숲 전국대회에서 학교숲 우수상을 받았으며, 학생들의 가슴에도 길이길이 남아 선한 영향력을 미칠 것이다.

노간주나무 으뜸
울산시 울산여자상업고등학교

    울산광역시는 우리나라의 대표적인 공업도시이다. 그 여파로 생활환경이 매우 나빠지고 도심을 가로질러 동해로 흐르는 태화강은 1990년도 중반까지 똥강, 죽은 강으로 불렸다. 울주군 가지산, 고원산에서 발원한 태화강은 신라시대부터 유명한 강이지만 공업화의 여파로 전국 최악의 강이 되었던 것이다. 그래서 대대적인 환경운동이 어느 도시보다 일찍 시작되었고 마침내 태화강에는 1급수에 사는 연어, 은어가 돌아왔고 백로, 고니, 수달 등 700여 종의 동식물이 사는 자연 그대로의 강이 되었다.

    국가 정원 2호 울산십리대밭을 비롯한 태화강 주위의 자연환경, 울산대공원 등은 가장 모범적인 도시 속의 생태공원이 되었다. 죽음의 강에서 아름다운 강으로 바꾼 울산시와 시민들의 노력은 우리 모두 배워야 할 귀중한 사례이다.

　울산대공원 건너편에 있는 울산여상도 생태환경이 매우 좋은 학교이다. 울산 공업탑을 중심으로 한 이 일대는 파평 윤씨 문중 땅이었기에 개발이나 훼손이 안 된 자연환경을 잘 유지해왔다. 이후 울산대공원이 들어서고 학교도 들어섰다. 학교 정문을 들어서면 상록수인 종가시나무와 금목서 등이 울창하게 녹음의 행복을 가득 준다. 건물 사이 정원에는 오래된 노간주나무가 잘 자라고 있다.

　운동장 주위에는 당종려, 은행나무와 메타쉐콰이어가 그늘을 주고 있다. 학교 교목은 소나무이고 교화가 창포이다. 학교 안에는 창포관(사격장), 창포역사관, 그리고 소나무 숲속에는 창포숨터, 창포월드라는 공간이 있다. 소나무숲 속에는 솔밭공원이라는 푯말도 있다. 이 학교 졸업생들이 만든 합창단 이름도 창포여성합창단이다. 교화를 이렇게 잘 활용하는 학교는 전국에서도 보기 힘들고 최고이

다. 오래된 소나무숲에는 창포숨터라는 훌륭한 야외교실이 있다. 때로는 음악회가 열리는 문화 공간이 되고 강연장이 되기도 하고 야외수업을 하는 공간이 되기도 한다. 한적할 때는 친구들과 이야기를 나누는 숲속 정원이 되기도 한다.

   소나무숲 아래쪽은 광나무, 왕벚나무, 서어나무 등이 활엽수 군락을 이뤄 조화를 이루고 있다. 소나무숲으로 오르는 길목에는 금식나무 군락이 멋지게 자리하고 있다. 솔숲에는 굽은 소나무들이 주인공이다. '굽은 나무가 선산 지킨다'는 말이 딱 여기에 해당한다. 수형이 곧고 좋은 소나무는 목재로 다 사라지고 인간의 입장에서 쓸모없는 이리저리 뒤틀리고 굽디굽은 소나무들이 살아남아 이 숲을 거쳐가는 수많은 여학생들을 지켜보고 있다.

학교숲 자부심 가득한
수원시 원일초등학교

수원시 원일초등학교는 학교 정문 안내판에 학교숲을 소개하는 큰 안내판을 가진 자랑스러운 학교이다. 전국의 초, 중, 고등학교를 많이 다녀보지만 이 정도 상징적인 안내판을 정문에 설치한 학교는 볼 수 없었다. 자부심과 정체성을 잘 보여주는 최고의 안내판이다.

2000년에 1차 학교숲 가꾸기를 시작했다. 단단하게 굳은 운동장 한쪽을 객토와 마운드를 통해 나무를 심었다. 특히 토종나무 체험학습원을 만들고 '우리식물살리기 운동본부'로부터 야생화 지원을 받았다. 2차 학교숲 가꾸기(2001년 봄)는 유실수 동산, 조류학습장을 조성했다. 3차 학교숲 가꾸기(2002)는 토종물고기 학습원, 열매동산, 싸리동산 수생생태원을 조성했다.

A 구역에는 전나무, 매실나무, 상수리나무, 살구나무, 팥배나무, 모감주나무, 산사나무, 붉나무, 생강나무, 산초, 잣나무, 수수꽃다

리, 마가목, 앵두나무, 자작나무, 소나무 등 다양한 수종을 심었다. B 구역에는 자귀나무, 물푸레나무, 산사나무, 모감주나무, 산딸나무, 배롱나무, 마가목 등을 심었다. 아빠모임, 어머니회, 지역사회, 교직원이 힘을 합쳐 일궈낸 원일초등학교 학교숲은 다른 학교에서 본받아야 할 최고의 모범사례이다. 자작나무숲, 싸리숲, 열매숲, 열매동산 등 테마별 숲 조성도 아주 멋진 방법이었다. 이 외에도 학교숲에는 소나무, 회화나무, 때죽나무, 이팝나무, 호두나무, 매발톱나무, 단풍나무, 메타쉐콰이어, 느티나무가 공존한다.

2004년 제2회 학교숲의 날을 개최해서 전국의 선생님들이 찾기도 했다. 연못 등 수생태계 조성을 지원한 수원시청의 공이 매우 컸다. 유한킴벌리의 지원과 당시 사장이던 문국현 대표의 학교숲 방문 등도 원일초의 학교숲 조성 노력을 잘 알 수 있는 대목이다. 학생들의 건강을 위한 숲속 지압길 조성도 매우 중요한 포인트이다. 숲이야말로 살아있는 교육자료실로 생각한 선생님들의 노고와 학부모들의 한마음 한결같은 응원 덕분에 으뜸가는 학교숲이 되었다. 네보난 운동장, 놀이기구, 획일적인 건물 등 특징 없는 학교에서 새가 날아들고 곤충이 있는 건강한 생태계가 있게 한 살아있는 정원이 있는 명품학교가 된 것이다. 학교를 상징할 나무 한 그루, 특색 있는 정원 등이 필요한데 그동안 너무 무심했었다.

이제 학교마다 한국을 대표하는 학교숲 조성 목표를 가질 때이다. 학교 건물이나 체육관, 급식소, 다목적관 등이 대부분 완성되었기에 운동장 활용과 정원 조성을 깊이 생각할 때이다. 감수성 교육과 인성교육 등을 위한 정원은 이 시대의 절실한 과제이다. 원일초등학교 학교숲에는 매우 특이한 점이 또 있다. 학교숲 내에 생태 보전과 복원을 위하여 학교숲 휴식년제(2016-2018)를 실시한 점이다.

지리산이나 설악산 같은 명산에서나 보는 휴식년제를 초등학교에서 만나니 많은 것을 생각하게 한다. 학교숲에 대한 자부심이 가득 느껴진다. 아파트로 둘러싸인 도시 학교에서도 얼마든지 좋은 정원을 가꿀 수 있다는 점도 일깨워주는 원일초등학교 학교숲이 고맙다.

도시의 학교는 공간이 워낙 좁아서 경계숲이나 울타리 개념으로 나무를 심어 가로수와 별반 다름없다. 그런데 원일초등학교는 운동장과 경계 양쪽으로 숲을 조성하고 가운데 산책길을 두었다. 이 정

도는 되어야 나무들과 들풀들이 온전히 숲을 이룰 수 있는 좋은 식생환경이 된다고 할 수 있다. 그리고 안내판과 같이 우리나라 나무, 꽃, 풀들로 숲을 이루어 나름대로 색깔 있는 특색을 가지고 있다. 숲을 지키는 깊은 철학이 담겨 있음을 알 수 있다. 참으로 고마운 일이다. 대부분의 학교가 나무와 꽃들을 아무 생각 없이 무작정 보여주기식으로 심다 보니 그저 그런 분위기가 되는 것이다. 학교의 상징인 교목과 교화도 있는지 없는지 모를 정도로 무관심하고 형식적이다. 이 점도 반드시 고쳐나가야 할 문제이다. 이 학교처럼 심고 가꾸는 철학이 널리 알려졌으면 좋겠다.

숲속 산책길 정원이 좋은
서울시 국립서울농학교

　교문을 들어서면 개교 100주년 기념비와 웅장하게 자란 느티나무, 은행나무가 잘 어우러져 한눈에 들어온다. 기념물 주위에는 야생화, 사초 등으로 이뤄진 화단이 있다. 이름하여 느티나무 정원인 이곳에는 미선나무, 흰말채나무, 조팝나무, 무궁화, 불두화, 화살나무, 목수국 등과 어울린 야생화들이 빛난다.

　특히 사초 종류들이 많아 사계절 정원의 맛을 흠뻑 느끼게 해준다. 해일정이라는 정자도 있는데 아이들이 숲체험을 하는 야외교실이다. 정자 안쪽에는 봄, 여름, 가을, 겨울 사계절 꽃을 설명하는 안내판이 코너별로 붙어 있어 살아있는 숲교실이다.

　은행나무는 서울시 보호수로 수령은 약 300여 년 된다. 은행나무 보호수는 한 그루 더 있는데 수령은 비슷하다. 가을에 노란 단풍이 절정일 때는 노거수의 위엄과 웅장함이 더욱 잘 느껴진다.

본관으로 올라가는 길에 좌우로 뻗은 소나무 두 그루가 수문장 같이 서 있지만 서로 키를 낮추고 어깨동무하듯이 겸손한 모습이라 정겨움이 넘쳐난다. 소나무 두 그루의 자연스러운 만남이 학교의 오랜 역사를 잘 보여준다.

생명의숲 봉사조직인 숲친 선생님들이 봄부터 가을까지 학생들에게 숲체험 교육을 봉사한다. 본관 뒤쪽에는 텃밭이 있는데 아이들이 이름을 지어 감자를 비롯한 다양한 농사를 체험한다. 텃밭 옆에는 제법 잘 꾸며진 연못이 있어 수생태계를 유지한다.

연못을 따라 숲길 산책로가 잘 되어 있다. 나무데크로 되어 있고 중간 중간 휴식할 수 있는 벤치들이 있어 숲길 산책로 역할을 한다. '서울농학교 행복한 나눔의숲'은 파리바 카디프생명의 후원과 생명의숲 시민들의 모금으로 2021년 5월 준공한 학교숲이다.

나무계단 일부 교체와 휴식 공간 데크 설치와 학교숲 가꾸기가 이뤄졌다. 숲길 중간 중간에 세심정 등 그늘막 정자가 있어 휴식하거나 놀기에 좋다. 뒷동산 정상에 있는 이름 없는 정자에 앉으면 경복궁, 광화문 등 서울 시내가 한눈에 내다보인다.

학교 구역은 예전에는 경계를 나누지 않고 함께 쓴 적이 있으나 요즈음은 아래쪽에는 녹색 펜스가 경계를 가르고 있다. 중간 부분부터는 국립맹학교와 공동 구역으로 이용한다. 봄이 오면 가장 먼저 녹색 잎을 내는 귀룽나무가 백목련, 단풍나무 등과 어울려 산다. 이팝나무와 전나무 등도 큰 나무로 자라 숲을 이룬다. 이 숲에는 우리 고유의 전통 목련(약 50여 년 추정)도 있다. 중간 키 나무는 수수꽃다리, 병꽃나무 등이 있다. 야생화는 매발톱, 금낭화, 바위취 등이 있다.

문화재인 선희궁을 돌아 나오면 하순영 (선생님) 단풍나무라는 안내판이 있다. 단풍나무 후계목이다. 이렇게 선생님들의 사연이 담긴 나무는 여러 가지 의미와 가치가 있다. 학교 안에는 학교 역사와

같이하는 스토리텔링이 있는 나무가 많아지면 학교숲이 가진 특색을 잘 살릴 수 있다. 울타리를 같이 쓰던 국립맹학교 백송도 죽고 후계목 백송이 농학교에서 자라고 있다. 나무들이 역사를 이어가고 있는 것이다.

제5장

나의 사랑하는 모교여!

오름 속의 숲정원
제주시 송당초등학교

제주시 구좌읍 송당리에는 오름이 매우 많이 있다. 송당초등학교는 주위에 오름이 많은 중산간 마을 전원학교이다. 학교 입구는 숲길이다. 이 숲길을 지나면 드넓은 천연잔디가 시원한 운동장이 눈앞에 나타난다. 송당읍 주위에는 당오름, 다랑쉬오름, 아끈다랑쉬오름을 비롯한 18개의 오름이 있다. 비자림도 그리 멀지 않다.

예부터 주민들은 손당·소남당 또는 솔당으로 불렀다. 이는 당오름 소나무밭에 당(堂)이 있어 그 당을 솔당 혹은 소남당이라 했고, 그 인근에 형성된 마을이라는 뜻에서 송당리라는 명칭이 유래한 것으로 보인다. 천혜의 자연과 어우러진 학교숲은 그야말로 조화로운 아름다움과 풍성함이 돋보인다.

현재는 아름답고 평화롭지만 아픈 역사가 있다. 제주도 4·3사태

때 전 교실이 불타서 없어지는 슬픈 역사가 아로새겨져 있다. 그때 근처의 평대교에 병합된 시절이 있었다고 한다.

송당초등학교는 송당리 마을의 남서쪽 당오름에 있는데 이곳은 옛날 당오름의 숲이 펼쳐져 있던 곳이었다. 학교가 들어서면서 숲을 개간하고 그 일부가 남아 현재 학교 교사 후방과 전방의 교정을 이루게 된 것이다. 학교가 설립된 이후 학교 선생님들과 학생들이 제주시 지원을 받아 교정을 잘 정비하여 현재의 아름다운 학교숲을 만들었다. 오름의 숲이 현재의 빛솔 정원과 녹음 교실을 이루고 있다.

93여 종의 나무들과 30여 종 초화류 등의 다양한 식물들이 자라고 있는 '빛솔 정원'(운동장 건너편, 포토존으로 좋다), 천연의 야외학습장 '녹음교실'(본관 옆, 다목적 강당, 2019), 녹음교실 뒤쪽은 마을숲으로 연결되어 있다. 70여 년이 지난 두 그루의 편백나무 쉼터 사이에 위치한 소담한 '무지개연못' 등이 있어 학생들은 물론 지역주민, 학부모의 편안한 휴식 공간과 학습의 장이 되고 있다.

주요 수종은 동백나무, 후박나무, 녹나무, 팽나무, 편백, 차나무, 귤나무, 서향이 있다. 난대림 군락지인 괭이오름숲길은 학교 안 녹음교실 뒤로 연결되어 있다. 필자가 송당초를 찾을 때는 주로 겨울이라 천리향이 내뿜는 강력한 향기를 흠뻑 누리고 있다. 전체적으로 학교 안의 나무와 주위 마을의 숲길이 자연스럽게 어울려 늘 푸르름이 가득한 학교이다.

능소화 가득한
광주시 광덕고등학교

1980년 개교한 광덕고등학교는 광주시 서구 화정동에 있다. 학교 주위는 고층 아파트가 즐비해서 삭막한 도시 풍경이다. 다행히도 광덕고등학교 녹색 공간의 여유가 숨통을 트여준다. 학교숲이 풍성하니 도시숲의 기능을 훌륭하게 해주고 있다. 학교 정문 옆에

는 목서나무가 있고 주위에 교사, 학부모, 학생 응원판이 있는데 긍정, 칭찬, 격려의 메모가 학교의 멋진 분위기를 알리고 있다.

한 울타리에 있는 광덕중학교 중앙 정원은 매우 넓고 인상적이다. 정원 중앙에 태산목 3그루가 우뚝하게 장엄하게 서 있고 그 주위로 12주의 배롱나무가 둘러싸고 있다. 라운딩 높게 해서 더욱 뚜렷한 주인공으로 빛난다. 사방 주위는 좌우 대칭으로 심은 가이쯔까향나무, 홍가시나무, 은목서가 있다. 전체적인 구도가 돋보이는 질서 정연하고 깔끔한 정원이다. 본관 쪽으로는 은행나무 6주가 자라고 있으며 아래에는 작약이 밭을 이루고 있다. 홍가시나무는 수형도 좋고 5월에 흰색 꽃을 마치 구름같이 많이 피운다.

고등학교 본관과 단재관 사이에는 넓은 정원이 펼쳐지는데 생명의숲에서 드림스쿨 13호(2014)로 조성한 곳이다. 정원을 바라볼 수 있는 계단식 나무데크를 설치하고 작은 둔덕을 만들어 나무를 심은 것이 정겹고 친근하다. 정원의 동서남북 모퉁이에는 회양목을 멋지게 심어 건곤이감으로 마무리했다. 정원에는 배롱나무, 팽나무, 무

궁화, 비파나무, 등나무, 단풍나무, 홍단풍나무, 소나무, 섬잣나무(오엽송), 가시나무, 태산목, 이팝나무, 남천, 왕벚나무, 은목서 등이 있다.

정원에는 몇 가지 기념식수가 있는데 졸업 동기회에서 심은 은목서 수형이 좋다. 정원 앞쪽에는 신채호 모과나무 두 그루가 심어져 있다. 조선의열단 창립 100주년을 맞아 단재 신채호 선생이 아홉 살에 자치통감을 배우고 책거리로 집뜰에 심은 모과나무 씨앗을 싹틔운 묘목을 광복회에서 기증하여 심었다는 기록이 돌에 새겨져 있다.

체육관 앞에는 낙락장송 키 큰 소나무가 있고 맞은편 숲 경계에는 메타스쿼이어가 줄지어 있다. 소나무숲인 만대동산은 산책할 수 있는 야자매트가 깔린 길이 있으나 마치 밀림처럼 깊고 넓어 소나무, 아까시나무, 향나무가 가득하다.

운동장 한쪽으로는 숲길이 펼쳐지는데 가문비나무, 전나무, 느티나무, 편백나무, 측백나무, 동백나무, 무궁화, 팔손이가 많이 있다. 고사목 다섯 그루에 능소화, 아이비를 올려서 새 생명으로 거듭나게 했다. 죽은 나무도 이렇게 다른 생명으로 변할 수 있는 지혜가 보인다.

운동장과 주택가 경계는 능소화가 매우 많이 퍼져서 마치 숲처럼 보인다. 펜스를 세워 능소화가 잘 자랄 수 있는 여건을 마련한 덕분이다. 여름에 붉은 꽃이 피면 장관을 이루겠다. 운동장은 넓고 운동장을 둘러싼 숲길이 녹색터널로 훌륭하니 주민들에게도 산책길로 사랑받고 있다.

용버들 실개울이 정겨운
수원시 수일여자중학교

수일여자중학교 교문을 들어서면 제15회(2014) 아름다운 숲 전국대회 우수상 표시판이 보인다. 왼쪽에 광교산 자락에서 흘러내린 실개울이 보이고 용버드나무길이 나타난다. 거의 모든 학교에는 향나무, 측백나무, 느티나무, 은행나무, 소나무 등이 있어 공통점은 있지만, 특별히 차별화된 특징은 많지 않다. 그런 면에서 수일여자중학교는 단연 눈에 확 띄는 차별성과 독특성이 있다. 학교 운동장 바로 옆에 물이 흐르는 실개울길을 따라 용버들 나무가 줄지어 있기 때문이다.

버드나무는 물가를 좋아하며 수양버들, 능수버들, 왕버들, 용버들, 호랑버들, 키버들 등 많은 종류가 있다. 수일여자중학교 학교숲 주인공 용버들은 역시 물가에서 잘 자라며 늘어지는 가지 생김새는 능수버들이나 수양버들과 비슷하다. 다만 가지와 잎이 꾸불꾸불하며 마치 꿈틀거리며 하늘로 오르는 용(龍)을 닮았다고 '용버들'이라 부른다.

이 학교에 다니는 학생들은 용버들길로 수없이 다니며 자연에 대한 낭만을 가슴에 가득 담을 것이다. 주인공 용버들나무는 주위의 벚나무, 산수유나무, 복자기나무, 이팝나무, 밤나무, 산딸나무, 조팝나무 등과 조화를 이루며 더욱 빛난다.

광교산과 마을이 맞닿은 지점에 있는 수일여자중학교는 인근 주민들이 사랑하는 역사 있는 학교이며, 지역주민들이 즐겨 찾는 공간이기도 하다. 특히 운동장을 둘러싸고 있는 벚나무길의 벚꽃은 수원이 지정하는 명소로 등재되어 있다.

벚나무 옆에는 최근에 심은 것으로 보이는 공작단풍마저도 조화를 이루고 있다. 그보다 더 좋은 풍경은 가을빛에 젖어들고 여학생들의 생기발랄한 웃음이 스며드는 '저녁노을이 지는 용버들길'이다. 특히 붕어, 잉어가 오가는 실개울이 시작되는 여울목은 많은 지역 주민과 학부모가 참관하는 행사인 음악제가 열리는 장소로, 이 지역의 보석이자 생명이 숨 쉬는 생태 공간이다. (생명의숲 홈페이지)

용버들길 따라 흐르는 실개울에는 노랑꽃창포, 창포, 부들 등 수생식물과 붕어, 잉어, 피래미들이 있고 가을에 밤이 익으면 청솔모가 찾아온다. 더구나 나무와 꽃들에게는 각각의 이름표가 있는데 시중에서 산 것이 아니라 여학생들이 개별 식물의 특성에 맞게 제작된 것이라 한층 정감을 주는 길을 만들어준다.

용버들길은 여학생들의 등하굣길일 뿐만 아니라 주변 마을 사람들이 산책로로 애용하는 길이다. 이 외에도 학교에는 둘레길이 있는데 벚나무길, 자작나무길, 스트로브잣나무길, 배롱나무길, 소나무길, 사색의 길, 그리메길이 있다.

길 따라 숲을 이루고 있는 나무들은 여학생들이 직접 나무판을 자르고 아름답게 채색한 팻말을 달고 있다. 이 길을 산책하는 이에게는 소박하면서도 아름다운 길의 정취를 불러일으키며 여학생들의 풋풋하고 재미있는 감성을 만날 수 있는 즐거움이 있다. 광교산에 있던 수목 등 자연의 일부를 잘 활용하였으며, 다양한 수종과 아기자기한 숲 공간이 있다. 또한, 학교 곳곳에서 볼 수 있는 학생들이 직접 만든 개성 있는 나무 안내시설은 정말 명품이다. 그뿐이 아니다. 본관에서 뒤쪽 교사로 올라가는 소나무숲길도 아주 멋지다. 그리고 체육관으로 내려가는 길에는 경기도에서 지원하여 조성한 학교숲이 있다. 텃밭과 본관 앞 야생화 조성 등 정말 다양한 숲을 만들고 잘 활용하고 있다.

운동장을 둘러싸고 있는 벚나무들이 화려한 꽃을 자랑하는 봄날에는 지역주민들의 행복 잔치가 벌어진다. 수일여자중학교 학교숲은 지속 가능해 보인다. 중학교로는 보기 드물게 넓은 부지가 있고 체육관, 급식소 등이 다 갖추어져 있어 숲을 훼손할 일은 없어 보인다. 많은 학교숲이 10여 년 지나서 가보면 체육관, 다목적 강당 등으로 사라지는 현실에 가슴 아프다. 고맙게도 수일여자중학교는 이런 변수로부터 안전해 보인다.

세서도 배롱나무 무성한
구례군 구례중학교

전라남도 구례군 지리산 아래쪽에 구례중학교가 있다. 도로와 학교 사이 폭 30여 m를 구례군에서 소나무숲을 조성했다. 일반 시민들도 언제나 숲을 즐길 수 있고 학교와 별도의 경계가 없는 열린 소나무숲이어서 더욱 좋다. 도로 바로 옆이지만 솔숲의 향기가 가득한 명품숲이다. 주민이나 학생이 언제나 거닐 수 있는 숲길이 잘 되어 있다. 학교 안에는 본관과 운동장 사이 50여 m 정도의 넓은 공간에 시원한 정원이 펼쳐져 있다. 양쪽으로 개잎갈나무가 중심을 잡고 있다. 나무를 심을 때 좌우 균형(대칭)을 고려한 흔적이다. 개잎갈나무가 큰 키로 우뚝한 가운데 배롱나무는 군락을 이루어 심어 여름철이면 붉은 꽃으로 장관을 이룬다.

추사 김정희의 세한도가 유명하듯이 구례중학교 배롱나무 군락에서 더운 여름을 식혀주는 '세서도'라는 교장선생님의 글을 보았다. 학교숲에 대한 자부심의 발로라 본다.

　정원에는 모과나무 노거수가 있고 금목서, 은목서도 좌우로 균형을 맞춘다. 이 외에도 실화백, 가이즈까향나무, 산수유, 백목련 등이 멋진 수형을 자랑하고 있다. 중앙에는 반송 한 그루가 멋지게 주인공 노릇을 하고 있다. 하기야 이 정원의 모든 나무들이 그 자체로 주인공이다. 이 학교의 학생들처럼.
　전남 구례교육지원청에는 일반직전문적학습공동체 동아리가 있다. 이중에서 '학교정원가꿈학당'이 있는데 구례중학교에서 학교 정원 가꿈활동을 했다. 바람직한 활동이다. 학교의 정원은 결국 우리 모두의 것이기에 이렇게 봉사하는 단체에서 학교숲 가꾸기에 동참하는 일이 전국적으로 확산되면 좋겠다.

　이 학교의 특이한 점은 구례의 자부심을 학교 주차장에 확실하게

새겨둔 것이다. 주차장 그늘막에 구례의 국보, 보물을 잘 소개한 그림판을 만들어 국보주차장이라 부른다. 지역 문화에 대한 자부심이 확실히 느껴지는 장면이다.

둘레길이 아름다운
서울시 화랑초등학교

    서울여자대학교 부설 화랑초등학교는 서울여자대학교 교내에 함께 있다. 주위에 태릉, 강릉, 태릉경기장, 육군사관학교, 삼육대학교 등이 있는 녹지 공간이 풍성한 곳이다. 그래서 학교 주위도 온통 나무가 가득한 숲이다. 덕분에 주변 숲이 녹음 짙고 건강하다.

    여기에 더해 화랑초등학교는 운동장 주위와 학교를 둘러보는 둘레길을 잘 만들어 생태환경이 매우 뛰어나다. 학교숲 운동 초창기부터 적극적으로 나서 생명의숲 학교숲 가꾸기 시범학교(1999)로 시작했다. 2003년에 열린 제4회 아름다운 숲 전국대회에서 학교숲 부문 수상의 영광을 안았다.

    생명의숲에서 개최한 제1회 학교숲의 날(2003) 행사 개최와 제10회 학교숲의 날(2012)을 열어 학교숲에 관심 있는 전국의 교육자

들이 모여들어 학교숲 운동에 열풍을 몰아오기도 했다. 2018년에는 노원구청의 둘레길 사업으로 숲길이 더욱 풍성해졌다. 이어서 2019년에는 생명의숲 숲속학교 1호 녹색필터숲 준공을 했다.

특히 선구적으로 학교 실내와 교실 등에 벽면녹화를 하여 공기의 질을 풍성하게 하는 시범사업까지 했다. 특히 선구적으로 시작한 교실녹화는 학교숲의 새로운 방향을 제시하고 있다. 이 모든 일련의 과정에는 학교숲에 대한 남다른 열정이 있어 가능하다. 학교 홈페이지에 나타난 다양한 생태 관련 일들을 살펴보면 다음과 같다.

　　2009년 도시농업 텃밭 조성

　　2018년 뒤뜰 산책로(노원구청 지원)

　　2020년 실내 및 교실 벽면녹화

　　2021년 숲속학교 1호로 학교숲의 새로운 변신

　　2022년 탄소중립시범학교

　전국의 학교 홈페이지에 생태 관련, 숲 조성 관련 기록이 거의 없음에 비해 화랑초등학교가 얼마나 많은 노력을 기울이는지 잘 알 수 있는 부분이다. 학교 정문으로 들어서는 길에는 은행나무와 모감주나무 등이 아늑한 숲길을 이루고 있다. 초여름 등하굣길에 황금빛 꽃으로 가득 채우는 모감주나무를 보며 가슴마다에 미래 희망을 품을 학생이 가득할 것이다. 가을이면 황금색 단풍으로 물드는 은행나무가 또 한 번 길을 밝힌다.

　정문 안에 들어서면 왼쪽으로 놀이터숲과 연못이 숲속에 있다. 연못은 둘러볼 수 있도록 나무데크길도 있다. 학부형이나 학교 방문객들이 잠시 기다리며 숲을 즐길 수 있는 공간이기도 하다. 본관 앞쪽으로 펼쳐진 소나무숲도 정겹다. 초등학생들에게 다양한 감성을 주는 과실수 살구나무, 산수유, 감나무, 모과, 잣, 복숭아나무가 있고 상수리나무, 산딸나무 등도 보인다. 정원에는 미선나무, 화백, 모감주나무, 이팝나무, 물푸레나무, 때죽나무, 쪽동백나무, 계수나무 등이 어울려 살고 관목으로는 조팝나무, 수수꽃다리가 있다.

화랑초등학교 둘레길은 구간도 넉넉해서 다양한 나무들이 자란다. 코스별로 색다른 특징이 있고 길 이름도 따로 있다. 둘레길 숲속에는 미니 도서관도 있고 주제별 안내판도 잘 되어 있다.

과연 어떤 힘이 학교숲에 대한 열정을 지속적으로 살릴 수 있을까 궁금하다. 대한민국 학교숲 운동의 모든 역사가 담긴 화랑초등

학교, 이 모든 것을 있게 한 느티나무와 같은 사람이 있으니 우명원 선생님이다. 우명원 선생님은 생명의숲이 시작한 학교숲 운동의 초창기 멤버로 숲교육 활동을 지속적으로 실천한 분이다. 나중에 교장선생님으로 정년퇴임할 때까지 학교숲 운동을 선도적으로 했다. 필자와 우명원 교장선생님은 학교숲교육연합회 임원으로 함께하기도 했다.

주제 정원이 빛나는
인천시 구월서초등학교

　인천 구월서초등학교는 2003년부터 2007년까지 3년 동안 생명의숲 시범학교로 숲 조성을 시작했다. 이 기간 중 2004년부터 2005년까지 인천시교육청 학교숲 시범학교로 지정되어 왕성한 학교숲 조성을 할 수 있게 되었다. 2005년에는 생명의숲에서 개최하는 전국 단위 학교숲의 날 행사를 열어 다양한 교육의 모습을 보여주었다. 학교숲은 꿈, 자람, 나눔, 생명, 기쁨(동산) 등 주제별로 특징을 담아 만들었다.

　한편 2006년에는 본관 옥상 위에도 정원을 조성했는데 당시는 인공지반 숲 조성이 비교적 생소할 때였음에도 구월서초는 앞서가는 숲 조성을 한 것이다. 옥상 정원은 바람동산이라는 이름을 붙였다. 교과, 특별활동, 재량활동 시간을 활용하여 숲교육이 활발하게 이뤄졌다. 하지만 2020년경에 학교를 방문했을 때는 옥상 정원이 잠겨 있고 관리가 안 되는 모습을 보고 안타까웠다. 구월서초의 학교숲 운동은 인천 지역 학교에 새바람을 몰고 온 것은 사실이다.

교육과정에서도 단오축제, 가을걷이 축제, 물배추 분양, 창포 자르기, 텃밭 가꾸기 등 다양한 숲 활용교육이 이뤄져서 많은 학교의 귀감이 된 곳이다.

학교에 들어서면 교문 오른쪽 꿈동산에는 느티나무, 스트로브잣나무, 산벚나무, 자두나무, 상수리나무, 전나무, 산사나무, 층층나무, 복자기, 생강나무, 화살나무, 음나무, 백목련 등이 조화를 이루고 있다. 교문 왼쪽 자람동산에는 상수리나무, 박태기나무, 생강나무, 산딸나무, 회화나무, 구상나무, 고로쇠나무, 층층나무, 백목련, 진달래, 무궁화 등이 숲을 이루고 있다.

나눔동산에는 생태연못이 있고 주위로 자작나무, 모감주나무, 때죽나무, 벚나무, 노각나무, 칠엽수, 계수나무, 쉬나무, 메타세쿼이어 등이 있다. 아쉬운 점은 공사가 많아져서 초기의 숲이 훼손된 점이다. 이는 전국의 학교숲이 공통으로 겪는 현상이다. 대부분의 학교는 제반시설을 갖추고 큰 변동이 없으나 주택 밀집 지역인 대도시와 수도권에서는 건물 증개축 등 변수가 많이 발생하고 있다. 학교숲이 위기를 맞는 일이 줄어들도록 노력해야 할 일이다.

낙엽을 밟고 뛰노는 아이들
영천시 임고초등학교

경북 영천시에 있는 임고초등학교는 2003년 제4회 아름다운 숲 전국대회에서 학교숲 부분 대상을 받았다. 학교숲 곳곳에 다양한 시(詩) 안내판이 있어 여유롭고, 학교 들어서는 입구에도 개잎갈나무 등 노거수숲이 좋다. 다른 학교에서 볼 수 없는 40여 m 넘는 큰 나무들이 운동장 여기저기에 있고 수령 100년 이상 된 느티나무, 플라타너스, 은행나무가 즐비하다. 학교 설명판에는 14주의 노거수에 대해 다음과 같이 기록되어 있다.

① 은행나무 80년 30m 2주
② 느티나무 113년 2주
③ 느릅나무 97년 1주
④ 개잎갈나무 97년 2주 42m
⑤ 버즘나무(플라타너스) 7주 109년 39~43m (2007년 5월 1일)

학교의 나무에 대한 기록을 잘하고 있는 것만 보아도 이 숲의 가치가 느껴진다. 역사의 기록이 중요한 이유이다. 수많은 학교를 다녀보지만 대부분 기록이 없고 무관심하기 때문이다. 임고초등학교에는 나무에 대한 설명판이 곳곳에 잘 되어 있어 무척 반갑다. 설명판이 2007년 기준이니 지금은 모두 100년이 넘는 노거수들이다. 어느 학교의 나무들보다 높이 자라서 거대한 숲속에 들어온 기분이다.

　또 하나의 특징은 나무를 자르거나 인위적 관리가 느껴지지 않고 그야말로 자연 그대로이다. 아름다운 숲학교라는 타이틀이 새겨진 안내판에는 '우리학교 숲이야기'라는 글이 있다. 여기에 그대로 옮겨 본다.

　여기가 바로 2003년 전국 아름다운 숲 경연대회에서 영광의 대상을 받은 임고초등학교숲이다. 나이 100살, 높이 40m를 넘나드는 나무들이 육중하게 서 있어서 놀라움을 금치 못하게 하는 이 우람하고도 장엄한 숲은 1924년 개교를 한 뒤, 1, 2, 3회 입학생들이 10년생 플라타너스 11그루, 15년생 느티나무 15그루, 5년생 은행나무 2그루를, 8회 졸업생들이 10년생 히말라야시다 15그루를 심으면서 조성되기 시작했다. 그 후 선생님들과 재학생 및 동문이 끊임없이 심고 가꾸어서 오늘날의 모습을 이룩했으며, 앞으로 더욱더 가꾸어서 영원토록 후손에게 물려줄 것이다. 이 학교숲은 학생들에게는 관찰체험학습을 배우는 살아있는 야외교실이고, 인근 주민에게는 삶의 활력을 되찾아주는 평화와 휴식의 공간이다. 최근에는 숲과 나무를 사랑하는 화가와 문인, 사진작가들에게 예술적 상상력을 자극하는 작품의 소재로 인기를 끌고 있기도 하다.

대한민국 어느 학교에 이렇게 자세한 기록이 있던가? 돌아본다. 입학생들이 직접 심고 가꾼 나무였기에 온전히 잘 보전되었겠다고 생각한다. 무엇보다 나뭇가지를 함부로 자르거나 손댄 흔적이 없어 자연 상태의 나무들이 마음껏 자라 작은 밀림 같은 기분이 든다.

마침 임고초등학교를 졸업한 40회 졸업생의 추억 어린 회고를

듣게 되었다. 플라타너스 잎이 운동장에 가득한 가운데 공놀이하던 행복한 기억이 있다고 했다. 그런데 60여 년이 지난 지금도 여전히 가을에는 운동장에 플라타너스, 은행나무잎이 가득해서 장관을 이룬다고 한다. 학교 안에는 여기저기 자연에 대한 설명과 시(詩)를 쓴 안내판이 있다. 플라타너스를 시로 표현한 내용을 옮겨본다.

플라타너스

정태일(본교 26회 졸업생, 총동창회장 역임, 시인)

임고초등학교 운동장
저 나무들
가지마다 쏴아 쏴아
비바람에 몸 섞는 소리

그 아래 앉아
맑고 싱그러운 저 경전을 들어봐라

기룡산의 뜨거운 피
자호천 흘러드는 동안
포은의 충절 이토록 푸르게 서려오네

잎사귀마다
깔깔대는 아이들 웃음소리

덕지덕지 껍질 속

나이테처럼 똬리 트네

이 나라에서 가장 아름다운

그 자랑과 명성

한 세기 늠름한

저 플라타너스를 봐라

이 시를 읽는 순간 임고초등학교 운동장 플라타너스와 느티나무, 은행나무 사연들을 알게 되었다. 학교와 졸업생 동문, 지역 사회가 임고초등학교 학교숲에 어떤 노력을 기울여 온지 알 수 있는 흔적들은 차고 넘친다. 영화 촬영장소 안내판부터 '환영', '숲의 정신', '우리들의 녹색 친구 나무들', '산과 들의 친구 야생화들' 등의 안내판을 읽으며 가슴이 울컥한다. 그야말로 길이길이 보전해야 할 아름다운 숲학교이다.

도심의 풍성한 숲
서울시 서울고등학교

    서울고등학교는 경희궁 자리에서 시작해서 1980년 지금의 서초동으로 이전해왔다. 학교 이전 당시 옮긴 나무의 기록은 찾지 못했으나 교정에는 오래된 나무들이 꽤 많이 있는 것으로 보인다. 반송, 향나무, 느티나무, 메타세쿼이어, 벚나무 등이 많고 주목, 측백, 모감주나무, 이팝나무, 꽃사과나무 등이 있다.

    특이한 나무로는 개비자나무가 있다. 서초동 길가와 학교 주차장 사이에 양쪽으로 벚나무 숲길이 있어 호젓한 산책길이 멋지다. 또한 주민들을 위해 학교 개방을 하는 시간이 있어 많은 시민들이 운동과 산책을 즐기고 있다. 코로나 사태 전에는 벚꽃 시즌이면 신혼부부의 드레스 촬영도 자주 있었다고 한다. 학교 부지는 일반 고등학교에 비해 상당히 넓다. 그래서 본관 앞 정원도 풍성한 숲을 이루고 있고 벚꽃길, 운동장 주위의 나무들도 매우 상태가 좋다.

　칠엽수 열매가 익어가는 8월에는 무궁화꽃과 배롱나무가 빛난다. 개교기념일을 맞아 학교 곳곳에 기념식수를 남기는 동문의 모교 사랑 덕분에 숲이 더욱 풍성해지고 있다. 전국의 학교들이 본받아야 할 본보기다.

　2019년에는 오영수홀 앞에 생명의숲에서 드림스쿨 학교숲을 조성했다. 학생들의 이용이 많은 공간에 작은 숲을 조성해서 멋진 감성을 키워주고 있다. 이팝나무와 모감주나무, 드넓은 학교 곳곳에 나무들이 잘 자라고 있어 도심 속의 자연적인 숲을 잘 이루고 있다. 전통과 역사가 있는 학교이기에 교정의 나무들이 훼손되지 않고 오랫동안 넉넉한 숲을 지켜주리라 믿는다.

본관 앞은 향나무와 가이쯔가향나무가 많다. 양쪽으로 배롱나무 두 그루는 여름 내내 교정을 밝게 빛낸다. 소나무, 벚나무, 느티나무, 무궁화가 자신의 역할을 하고 있다. 교문에서 중앙 현관까지는 스트로브잣나무가 밀식되어 숲을 이룬다. 신축한 도서관 앞에는 생명의숲과 삼성화재 사회공헌 숲 드림스쿨 정원이 조성되었다. 모감주나무, 이팝나무, 당매자, 황매화, 수호초 등이 새 식구로 전입해서 기존의 숲과 조화를 이룬다. 서울고등학교 학교숲은 산책로 개방성이 최고이다. 코로나로 거의 모든 학교들이 문을 닫고 있을 때도 서울고등학교를 방문하면 주민들에게 늘 숲길 개방을 하고 있었다. 코로나 기간 동안 전국의 학교숲 모니터링은 매우 어려웠지만 서울고등학교 덕분에 위로를 받았다.

학교 정원에는 동문들의 기수별 기념식수나 개교 00주년 기념식수, 미국 자매학교 휘트만고등학교 기념식수 소나무 등 다양하고 의미 있는 나무들이 멋지게 어우러져 있다.

그윽한 평화 그 자체 평화공원
의정부시 경기도교육청

경기도교육청 북부청사(의정부시 금오동) 앞에 평화의 숲이 조성되었다(2021). 시민들에게 개방되어 산책길로 좋은 공간이다. 비오톱으로 수생태계도 매우 잘 되어 있다. 경기도교육청 북부청사 부지는 1954년 이후 60여 년간 미군 부대가 주둔했던 곳으로 전쟁과 분단의 아픈 역사를 간직하고 있는 곳이다. 이곳에 미래 교육의 희망과 평화의 염원을 담아 '평화의 숲'을 조성하였다.

> "평화의 숲은 사람과 자연, 배움과 즐거움, 소통과 휴식이 공존하는 아름다운 녹색 쉼터가 되어주고, 학교숲으로 이어져 아이들의 푸른 꿈으로 피어날 것입니다." (경기도 교육청 평화의 숲 안내도)

평화의 숲은 6개의 숲길이 어우러진 하나의 숲이다.

① 바람길숲은 느티나무길이다.

시원한 느티나무와 산벚나무, 단풍나무, 수수꽃다리가 사는 느티나무길은 그야말로 힐링의 공간이다. 봄에는 신록의 기쁨을 주고, 여름이면 시원한 바람길을 맘껏 누릴 수 있다. 가을이면 울긋불긋 멋진 단풍색으로 가슴을 뛰게 한다. 겨울이면 잎사귀를 다 떨어뜨리고 새로운 삶을 준비하는 가르침을 준다.

② 상징숲은 구상나무길이다.

구상나무, 전나무, 소나무, 측백이 사는 상록의 숲동네이다. 늘 푸른 나무들이 모여 있어 얼핏 보면 같은 숲처럼 보이지만 자세히 보면 개성 있는 색이 다른 친구들이다. 자라는 속도가 다르고 역할도 다르다. 우리 아이들이 제각각 다른 재능과 취미를 가지고 있는 것처럼.

③ 미세먼지 저감숲은 메타세쿼이어길이다.

메타쉐쿼이어, 스트로브잣나무, 전나무, 소나무가 있다. 앞으로 낙우송도 심으면 더욱 좋겠다. 갈수록 심해지는 미세먼지 저감을 위한 상록수림은 일선 학교에도 꼭 필요하다. 교육청이 솔선수범하니 보기 좋다. 교육청을 드나드는 학교 구성원들이 꼭 벤치마킹하기를 바란다.

④ 향기숲은 눈과 코가 행복해지는 길이다.

꽃복숭아나무, 매화나무, 칠엽수, 산수유나무, 백목련, 모감주나무, 이팝나무, 자엽자두나무 등이 봄이면 찬란한 꽃으로 세상을 밝히고 여름부터 가을까지 열매를 보여준다. 매화와 자두나무는 6월부터 빠른 결실의 기쁨을 베푼다. 6~7월 초여름에 황금빛 꽃으로 누구나 기분 좋게 하는 모감주나무도 더욱 풍성해지리라. 10월이면 툭툭 떨어지는 칠엽수 열매는 아이들에게 좋은 놀이도 되지만 부디 밤송이로 오해하지 않기를 바란다.

⑤ 녹음숲은 작은 그늘집이다.

쪽동백나무, 산사나무, 팥배나무, 회화나무, 졸참나무 등이 함께 산다. 여기는 봄이면 흰 꽃을 볼 수 있고 가을이면 붉은 열매를 많이 볼 수 있다.

⑥ 알뜰숲은 등나무 터널이다.

우리나라 학교는 등나무 그늘막은 하나쯤 가지고 있다. 등나무 그늘의 추억은 공통성이 많다. 옹기종기 한 학급이 함께 쉴 수 있는 곳이다. 운동장에서 활동하다가 쉴 수 있고, 오가며 모여 대화를 나누던 추억이 있다. 교육청 등나무숲이 암시하는 바는 국민 모두의 추억 공유가 아닐까? 함께 쉬고, 함께 웃던 우리들의 편안한 공간이 등나무숲이다. 갈등 없는 오직 등나무 그늘에서.

제6장

소나무숲이 빛나는
학교숲

풍성한 소나무숲
강릉시 강릉고등학교

강릉고등학교는 강릉시 용강동-노암동 시대를 거쳐 현재의 초당동(1990)에 안착했다. 강릉원주대학교 사범대학이 떠난 자리이다. 대학교 시설을 거의 이어받아 사용하다 보니 넓은 부지와 야구장, 축구장, 농구장 등 다양한 스포츠 시설이 좋다. 최근에는 기숙사와 청솔야구연습장(2021년 준공)도 솔숲 자락에 들어섰다.

하지만 무엇보다 좋은 것은 799주의 소나무숲이다. 바닷가에는 방풍림으로 해송을 많이 심어왔으나 이곳은 특이하게 육송(적송)이 90%, 해송이 10% 정도이다. 옛 마을 방풍림으로 조성되어 대학과 고등학교로 이어지며 비교적 잘 보존되고 있다. 근처에는 경포호와 허균문학비, 허난설헌 시비, 초당 유적지 등이 있다.

2018년 아름다운 숲 심사 당시에 소나무숲이 너무 좋아서 교내

 솔숲 소나무가 몇 그루나 되냐고 물어보았더니 당시에 아는 사람이 없었다. 환경부장 선생님에게 부탁드리니 일주일 후에 답이 왔다. 학생들과 함께 세어보니 799주라는 답이 돌아왔다. 학생들이 교내 솔숲에 관심을 가지기 위한 다양한 방법을 찾아보자. 3년 다니는 동안 자기 나무를 지정하는 방법, 봄, 가을로 학생 시화전을 솔숲에서 하는 방안, 매주 금요일 점심 시간에 소나무숲 음악회(학생 장기자랑)를 하는 방법 등이 있을 수 있다.

 소나무숲의 기운은 학생들에게 엄청난 에너지이다. 때로는 숲 사이 사이로 학생들이 찾아들기도 한다. 많은 시인이, 창의적인 과학자가 나올 환경이다. 일제 강점기에 송진을 채취한 흔적이 남아있는 높이에 따라 하사, 중사, 상사 소나무라고 부르기도 한다. 역사의 현장이며 역사교육을 생생하게 할 수 있는 가치가 있는 숲인 것이다. 주위의 마을숲이 거의 사라지는 현실을 보며 학교 안에 있는 숲의 가치가 더욱 뚜렷해진다.

2018년 제18회 아름다운 숲 전국대회에서 수상했다. 옛 선인들과의 문화를 이어주고 가슴 아픈 역사를 품고 있는 숲, 500년 전 바닷바람으로부터 마을을 보호하기 위해 조성된 초당 송림 내에 위치한, 강릉고등학교 내의 솔숲을 말한다. 소나무는 일제 강점기에 엄청난 수난을 당하고 한국전쟁 이후 마을 사람들이 다시 심기 시작해 현재는 60~70년 정도의 역사를 간직하고 있다. 1세대가 110년 정도, 2세대가 70년 정도의 수령을 가지고 있는 소나무숲이다. 굵은 나무들은 대부분 가슴 높이에 흠집을 가지고 있는데, 일본군이 항공유를 만들기 위해 송진을 채취했던 흔적이라고 한다. 숲 내에 1907년에 설립해 신학문을 가르쳤던 영어학교터임을 알리는 기념비가 있고, 율곡이 지은 호송설(護松說) 기념비가 있어 소나무를 잘 가꾸라는 뜻을 후세에 전하고 있다(생명의숲).

마을을 지키던 마을숲, 이제는 학교가 숲을 지킨다. 처음에는 초당마을숲의 일부분이었다가 영어학교, 강릉교육대학 등 교육시설이 들어오면서 현재는 강릉고등학교 울타리 내에 학교숲으로 존재한다. 덕분에 주변의 솔숲보다 생태적 건강성이 높은 편이다. 동해안 솔숲들이 개발에 의해 점점 사라지고 있는 상황에서 온전히 보전되는 학교숲의 가치가 더욱 빛나 보인다.

그동안 난개발 등으로 야금야금 없어지는 숲이 정말 많았다. 결정적으로 2018년 평창 동계올림픽이 열리면서 그 유명한 가리왕산이 스키장으로 잘려나가는 고통 이후 아직도 복원되지 못하고 있다. 복원한다는 애초의 약속은 모두 잊어버리고. 강릉시 바닷가 일대도 올림픽 피해가 엄청나다. 도립공원이라서 그나마 남아있던 멋진 숲들이 큰 위기에 봉착했다. 올림픽 특구로 전환되며 호텔 등 숙박시설이 난립하기 시작한 것이다.

특히 솔향숲을 없애고 집단숙박 시설을 지으려 한 적이 있다. 강릉시는 허가하지 않았지만 서울 소재 기업이 행정재판에서 이겨 사업을 추진하였지만, 일단은 막은 일도 있다. 송정리 일대는 점점 솔밭이 아파트단지로 변해가고 있다. (조선일보 8월 10일 보도)

아픈 역사를 잘 이겨내고 오늘을 사는 우리에게 큰 가르침을 주는 솔숲이다. 주변이 온통 소나무숲이지만 이곳은 상대적으로 수령이 오래되어 그만큼 보전가치가 있으며, 학교와 동문의 보전 의지가 강하다. 숲은 개방되어 지역주민들이 산책 등으로 자유롭게 이용하고 있으며, 학교 안에 있는 이 소나무숲은 학생들의 인성에 지대한 영향을 끼쳐왔을 것이라 확신한다. 실제로 선생님과 동문, 학생들의 이야기를 들어보면 얼마나 큰 가르침을 얻는가를 알 수 있다.

기청산식물원과
포항시 청하중학교

경상북도 포항시에 있는 청하중학교는 기청산식물원 원장 이삼우 선생님이 운영하는 학교이다. 청하중학교의 교육 비전은 '아름다운 전원학교, 함께 꿈꾸는 행복교육'이다. 전국의 학교 가운데 식물원과 함께 운영되는 유일한 학교이다. 학교와 식물원은 바로 붙어 있다. 학교를 둘러싸고 있는 소나무숲은 관송전이라 한다. 관덕관송전(觀德官松田)의 준말로 관덕은 지명이며, 관송전은 관에서 조성한 솔밭이라는 뜻이다.

솔밭은 조선시대 세종대왕 시절 청하현감 민인이라는 사람이 바람을 막고, 홍수에 대비하며, 목재 조달을 위해 조성하였다 한다. 이후 연산군, 선조, 고종 때 탐관오리가 함부로 벌채하기도 했다는 기록이 있다. 현재 남아있는 500여 그루의 소나무들은 수령이 대략 100년 남짓 되는 것으로 추정된다. 사연은 많았지만 이제 소나무숲

은 청하중학교 교정이 되었으니 얼마나 다행인가? 학교가 있는 동안에는 소나무숲도 온전히 함께할 수 있을 것이다.

학교 안에 관송전이 있는 청하중학교는 제1회 아름다운 숲 전국대회(2000)에서 최우수상을 받았다. 멸종위기 야생식물 지킴이 기청산식물원이 품고 있는 아름다운 학교숲을 자랑하는 청하중학교는 1951년 개교하였다. 2010년에는 농어촌 전원학교 사업으로 숲 산책로를 조성하여 학생들의 자연체험학습장으로 활용하고 지역주민에게도 개방하고 있다.

2014년 창단한 관송 윈드오케스트라는 아름다운 숲속에서 악기 연주 연습을 많이 한다고 한다. 2016년과 2018년 전국대회에서 금상을 수상했다. 학교는 숲속 잔디광장에서 가족과 함께 음식을 나누는 '야심만만 식도락 가족캠프', 자연체험학교 운영 등으로 학부모와 지역사회의 신뢰를 받고 있다. 이제 청하중학교는 멀리서도 찾아오는 학교가 되었다.

　정문을 들어서면서 소나무밭을 보는 순간 마음이 편해지는 청하중학교의 자연스러운 솔밭이 지금도 눈앞에 아른거린다. 역사가 있는 솔숲에서 많은 시간을 보내는 학생들의 심성이 어떨지 짐작된다. 그리고 바로 옆에 있는 기청산식물원에서도 훌륭한 감성을 얻을 것이다.

소나무 숲속의 학교
포항시 흥해서부초등학교

경북 포항시 흥해읍에 있는 흥해서부초등학교는 교문에서 시작한 소나무숲이 학교 전체를 감싸고 있다. 이렇게 완벽하게 소나무숲으로 둘러싸인 학교는 흥해서부초등학교가 유일하지 않을까? 학교 정문을 가운데 두고 좌우로 둘러싼 소나무숲은 웅장하다. 멀리서도 한눈에 들어오는 멋진 모습이었다.

학교 안에 들어서니 더욱 멋진 소나무숲이 자연스러운 곡선으로 울타리라는 위화감이 전혀 없다. 본관 교실 바로 옆에는 넓은 소나무숲이 있고 그네와 의자, 놀이시설 등이 잘 배치되어 있다. 쉬는 시간이 되면 교실에서 뛰어나온 아이들이 번개처럼 소나무에 매달린 줄을 타고 소나무를 끼고 돈다. 매우 익숙한 놀이인가 보다. 학생들은 소나무숲 그네가 가장 재미있는 놀이이다. 재미가 없으면 소나무숲에 오지 않을 것이다. 이 대목에서 의미 있는 일을 재미있게 하라는 말이 생각난다.

"두 가지가 결합해야 대박이 난다." (이동규, 경희대 경영대학원 교수)
재미는 즐거움을 잉태하고, 즐거움은 놀랄 만한 성과로 보답한다.
"재미있지 않으면 인생은 비극이다." (스티븐 호킹)
출처 : 이동규의 두줄칼럼(55) 의미와 재미 조선일보 2022. 9. 16. (A29)

요즈음 학교는 재미를 주제로 진화하고 있다. 최근에는 숲속에 트리하우스(왕궁초등학교), 왕버들나무 아래상상도서관(도개초등학교)을 지은 학교도 있다. 김포 고창초에는 몽골리안 텐트, 모래언덕, 대형 정글짐도 들어섰다. 하지만 소나무숲을 이용한 그네, 밧줄놀이 등 전통놀이는 아이들에게 더욱 재미를 가득 준다.

학교 텃밭도 보기 드물게 넓고 잘 조성되어 있다. 소나무 숲속에는 나무데크로 무대를 만들었다. 학생들이 자주 이용하는 야외교실이다. 내가 다녀본 학교 중에서는 소나무숲이 가장 조화롭게 어울려 있는 학교이다.

본관 앞쪽에는 다양한 나무가 어울리고 특별히 야생화 군락들을 이름표 붙여 관찰하기 쉽게 해두었고 고무통을 이용한 수생식물 등 다양한 생태환경을 조성한 것이 보인다. 이 학교 구성원들의 열성적인 학교 사랑의 힘이 눈에 보인다. 아이들이 얼마나 즐겁게 뛰어놀고 행복한지를 알 수 있다. 최고의 학교이다. 제1회 아름다운 숲 전국대회(2000)에서 학교숲 부문을 수상했다.

솔숲이 자연학습장인
해남군 북일초등학교

    해남군 북일초등학교는 1922년 개교하여 100년 전통의 학교이다. 두륜중학교와 나란히 붙어 있다. 교정에는 소나무, 팽나무, 삼나무, 양버즘나무, 느티나무, 향나무 등이 어우러진 숲이 있다. 특히 정문을 들어서면 바로 오른쪽에는 소나무숲이 자연스럽게 펼쳐진다. 이 숲속에 흔들 그네의자와 벤치가 곳곳에 있다. 아이들의 놀이터이며 교실이기도 하고 학습물 전시실이기도 하다. 학교를 찾았을 때 숲속 나무와 나무 사이에 형형색색의 끈을 매어 학생들의 작품을 전시한 멋진 광경이 떠오른다.

    소나무숲은 제15회 아름다운 숲 전국대회(2014) 공존상을 받은 곳이다. 학생들이 가장 즐겨찾는 놀이터이기도 하고 뛰어다니는 숲속 교실이다. 지역주민들이 즐겨 찾는 곳이기도 하다. 개교 당시 심은 수령이 100년 이상 된 소나무, 느티나무, 향나무 등이 품격 있는 자태를 뿜어낸다. 숲속에서 느껴지는 상쾌함과 역사의 숨결, 편안한 힐링 삼박자가 조화를 이룬다.

농촌 시골학교이지만 부지가 굉장히 넓다. 곳곳에 나무들이 군락을 이루고 있는데 곳곳마다 명소이다. 정문을 중심으로 오른쪽은 소나무숲이 명품이고 왼쪽은 팽나무와 플라타너스 등이 빛난다.

　유치원과 두륜중학교 경계에 있는 대나무숲도 풍성하다. 본관 앞쪽에는 연못도 있다. 체육관과 운동장을 에워싸고 있는 소나무숲도 아득하다. 학교숲 뒤쪽의 병풍 같은 산세는 바로 대흥사가 있는 두륜산이다. 대둔산 끝자락에 있어 생태계가 좋은 이점도 있지만 여러 차례 큰 태풍 피해도 많이 보는 곳이다. 그래서 살아남은 노거수들이 더욱 위대하다.

반송이 줄지어 빛나는 학교
서울시 경기상업고등학교

문화재인 학교 본관 앞에는 아래쪽 운동장을 내다보고 있는 반송[9]들이 동에서 서로 줄지어 있다. 1923년 심어서 지금은 100년이 넘는 수령을 자랑하는 반송 행렬이 북악을 배경으로 학교를 지키고 있는 것이다. 반송이 학교 역사를 말하는 경기상고는 상업고등학교 이름을 꿋꿋이 지켜낸 몇 안 되는 정체성 있는 훌륭한 학교이다. 이 땅에 학교가 본격적으로 생길 때 대부분 지금의 종로구에서 시작했다.

구체적으로는 경복궁, 창덕궁, 창경궁, 경희궁 주위 등 4대문 안

---

9 반송(학명 : Pinus densiflora for. multicaulis Uyeki) : 상록 침엽교목인 소나무의 한 품종으로 중심이 없고 둥치 부위에서 여러 개의 줄기가 갈라져 자라서 우산 모양(반원형)으로 자란다. 반송은 수형이 아름다워 공원이나 정원의 관상수나 조경수로 인기 있다. (네이버 지식백과) 반송(umbrella pine) (식물학백과)

이다. 그러다가 1970~1980년대 대부분 학교는 강남구, 강동구, 송파구, 양천구 등으로 이전했다. 경기고등학교, 경기여자고등학교, 숙명여고, 휘문고, 보성고, 중동고, 양정고 등이 그 예이다. 하지만 아직도 자리를 지키고 있는 경기상고와 경복고, 중앙고, 덕성여고 등이 있다. 경기상고는 그중의 한 곳이다.

서울시 동대문구에 있는 국립산림과학원 정원에는 멋진 반송이 있는데 근처의 홍파초등학교에서 옮겨 심었다. 충남 아산시 현충사 입구에 있는 멋진 반송은 근처의 염티초등학교 본관 앞에서 옮겨 심은 것이다(1975년 박정희 대통령). 학교숲이 지켜온 반송들이 매우 자랑스럽다. 학교 안이 아니었다면 무사히 살아남지 못했을 것이다.

경기상고는 학교 건물이 문화재이고 교내 중앙 정원에는 조선시대 조광조의 제자인 성수침이 지은 청송당이라는 정자터가 있다. 솔바람 소리를 듣는다는 청송당의 이름은 전국에 몇 군데가 있지만 겸재 정선의 장동팔경에 나오는 청송당은 바로 지금의 경기상고 자리이다.

학교 안 정원에는 정자의 주춧돌이 세 개가 남아있다. 정원에는 자연스러운 습지도 있고 오래된 벚나무, 산수유나무, 단풍나무, 느티나무, 소나무, 사과나무 등이 잘 어우러져 있다. 도심 안에서 오랜 역사와 전통을 이렇게 잘 간직하고 있다는 사실은 대단하다. 하지만 무엇보다도 운동장을 내려다보는 본관 앞에 수령 100년이 넘는 반송 20여 주가 장엄하게 줄지어 서 있는 광경이 압권이다.

이 반송들은 종로구의 아름다운 나무로 지정되어 있다. 소나무 중에서 반송만으로 이렇게 아름다운 모습을 유지하는 곳은 아마도 경기상고가 최고이지 않을까? 반송은 대부분 독립적으로 한 그루를 심어 빛나게 하는데 이곳 경기상고는 특이하게 한 줄로 20여 주를 심었다. 가운데에서 빛나는 한 그루가 아니라 줄지어 서서 학교와 학생들을 지켜보는 반송이 되기를 원했나 보다.

청와대 정원의 반송, 국립산림과학원 잔디밭의 반송, 전북 남원 주생초 교문 안의 반송, 함양초등학교의 반송 등은 한 그루로 빛나는 대표적인 반송이다. 경기상고는 한 그루만으로도 장엄한 반송이 100여 m 줄지어 있으니 그 붉은 기운이 이 학교와 길이길이 함께 빛나리라 믿는다.

솔숲 밧줄 놀이터
남원시 주생초등학교

학교에 들어서면 눈앞에 장엄한 반송 한 그루가 반긴다. 한참을 보다 학교 본관을 지나 소나무숲으로 들어선다. 주생초등학교 소나무숲은 매우 넓은 공간에 제멋대로 뻗은 소나무 100여 주가 자연스러운 공간을 만들고 있다. 수령 200년 이상 되는 소나무가 50여 주 된다. 사람의 손을 타지 않은 소나무들은 하나같이 개성이 강하면서도 잘 어울려 완전한 솔밭을 이루고 있다.

만약에 이 소나무밭을 주생초등학교가 품지 않았다면 오늘처럼 온전히 보전될 수 있을까? 이 땅에 남아있는 자연문화유산인 나무와 숲은 학교 안에 있을 때 가장 온전하다는 사실을 자주 목격한다. 학교숲의 또 다른 순기능이기도 하다. 아이들은 드넓은 소나무숲에서 맘껏 뛰어놀고, 나무의자에서 솔향을 흠뻑 느낄 수도 있다. 때로는 소나무 사이로 매달린 그물 다리를 건너는 놀이도 한다.

소나무 사이에 그물 그네 등을 설치해 아이들이 자연스럽게 솔밭과 친해지도록 한 선생님의 지혜가 돋보인다. 도시의 학교숲에서 쉽게 볼 수 없는 장면이다. 그동안 우리 사회는 지나치게 학습 위주,

안전을 강조하며 아이들의 놀이터에 무관심했기에.

최근에 지역을 중심으로 밧줄놀이, 숲속 놀이터 등이 생기고 있어 매우 기쁘다. 대도시의 학교들도 이런 숲속 놀이터가 많아지기를 기대해본다. 주생초등학교 소나무밭은 2006년에 열린 아름다운 숲 전국대회에서 아름다운 학교숲(어울림상)을 받았다. 생명의숲에서 돌에 새긴 수상 기념글은 이렇게 되어 있다.

"송림은 주생 교육의 요람 천만년 푸르게!"

(2006년 10월 생명의숲)

연못과 어우러진 소나무
경산시 하양초등학교

경북 경산시 하양초등학교 솔숲은 100년 이상 된 소나무 25주가 있는 고풍스러운 학교숲이다. 제3회 아름다운 숲 전국대회(2002년)에서 학교숲 부문 대상을 받았다.

아름다운 숲 전국대회는 생명의숲, 유한킴벌리, 산림청이 개최하는 가장 권위 있는 대회이다. 학교는 무학산이 가까이 있고 금호강이 굽어 감아도는 곳에 있다. 학교 정문 건너편은 하양읍사무소가 있던 자리로 100여 년 된 향나무 두 그루도 자라고 있어 학교 일대의 역사를 잘 보여준다. 1911년에 도리동 막사에 공립하양보통학교 설립으로 시작된 학교의 역사는 어느덧 110년을 넘고 있다. 이에 걸맞은 멋진 소나무 군락이 있다. 현재 25그루 정도의 곰솔이 교정 세 군데에 나뉘어 자라고 있다. 학교 정문 앞에는 야생화 화단과 꽃재연못과 함께 10여 그루의 곰솔이 각기 다른 모습으로 살고 있다.

　정문 현관에서 연못을 도는 산책길은 하양의 우리말인 물볕길이라는 안내판이 있다. '예쁜 연못과 햇살이 따스한 물볕길을 산책해 보세요'라고 되어 있다. 소나무 아래는 남천과 맥문동이 잘 어울려 있어 생태적으로 좋은 솔밭으로 보인다. 굽은 소나무가 내다보는 꽃재연못은 2001년에 학부형들의 적극 참여와 협조로 자연석을 이용해 호리병 모양의 연못을 만들고 부들과 부레옥잠 등 수생식물을 길러 자연학습에 도움이 되도록 한 곳이다. 다른 곳에서 볼 수 없는 창의성과 독특함이 담긴 생태 연못이라 박수를 보낸다. 역시 많은 사람이 머리를 맞대고 함께 만든 연못이라 세월이 가도 그 정성이 살아있다.

본관과 운동장 사이에 있는 소나무 10주는 모두 곧게 자라고 있으며 수형도 보기 시원하다. 2013년에 개원한 경산꽃재유치원 앞 4그루 소나무와 모래놀이터에 있는 한 그루는 생육환경이 다소 나빠져서 향후 관심을 많이 가져야 할 것 같다. 정문 쪽에는 유재흥 장군 제승기념터 기념석과 하양초등학교 출신 아동문학가 김성도 동문의 노래비가 서 있다. 김성도 노래비에는 어린 음악대 노래글이 새겨져 있다.

'따따따 따따따 주먹손으로 따따따 따따따 나팔 붑니다
우리들은 어린 음악대 동네 안에 제일가지요' (이하 생략)

마을과 하나 되는 소나무숲
평택시 동방학교

경기도 평택시 동방학교는 사회적 약자인 지적장애와 지체장애 아동·청소년을 위한 특수학교다. 평택시 소사동 동방평택복지타운 안에 있으며 유치원부터 초, 중, 고교는 물론 직업교육을 위한 '전공과'까지 개설되어 있다. 동방학교는 학교숲에 대한 열정이 많아서 산림청 명상숲을 조성하고 관리도 잘하고 있다.

그 결과로 산림청에서 실시한 '2020년 전국 학교숲 우수사례(활용·사후관리 분야)'에 선정되어 우수 학교숲 수상을 했다. 평택시에서 조성한 동방학교의 학교숲은 특수학교라는 점을 감안하여 학교숲을 가꾸고 활용하는 교육을 진행할 수 있도록, 자연석 판석 포장으로 숲길을 조성하고 소나무 등 2,000여 주를 식재해 조성했다.

이와는 별도로 학교 정문 왼쪽으로 소나무 70여 주가 숲동산을 이루고 있다. 비교적 굽은 소나무들로 되어 있다. '굽은 소나무가 선산을 지킨다'는 말이 실감난다. 잘생긴 금강송 같은 나무들은 진작에 잘려가고 쓸모없이 보이는 나무만 남겨둔 까닭이다. 2018년 아름다운 숲으로 선정된 통도사 무풍한송길에도 유달리 굽은 소나무들이 춤을 추듯 모여있었다.

이 세상의 존재를 인간의 잣대에서 나눈 가치 때문에 일어나는 일이다. 나무의 세계에서는 모두 나름의 역할이 있기 마련이다. 우리는 덕분에 온전한 소나무숲을 볼 수 있는 것이다. 동방학교 소나무밭 바로 옆에는 자연공원으로 지정된 숲이 있어 학교의 솔숲은 더불어 가치가 빛난다. 아파트단지 개발 와중에 다행히 보전된 생태 공간이다. 학교숲과 주위의 야산이 생태축 연결을 통해 학교와 지역사회가 연결되는 모범사례이다. 학생들이나 주민들이 솔숲과 자연공원을 자유롭게 오가며 숲을 만끽할 수 있으니 얼마나 좋은가?

2020년 산림청 학교숲 심사, 2021년 산림청 모범도시숲 심사 일정으로 방문하면서 동방학교의 학교숲에 대한 열정을 지켜보면서 희망을 품어본다. 주위는 개발되고 있고 온통 고층 아파트가 들어서고 있다. 이 숨이 막히는 도시 공간에 동방학교의 넓고 푸른 학교숲이 학생뿐만 아니라 지역주민에게도 얼마나 중요한지 새삼 깨닫는다.

푸근한 솔숲
서산시 인지초등학교

    충청남도 서산시 인지초등학교에는 18주의 소나무가 만들어내는 정갈한 명품 소나무숲이 보인다. 곧은 소나무는 보이지 않고 역시 굽은 소나무만 가득하다. 자연스러우면서도 조화를 잘 이룬 전형적인 마을숲에서 보는 소나무숲이다. 학교가 품고 있는 마을의 살아있는 역사이기도 하다.

    학교 안에 있지 않는 숲들은 어느 순간 개발과 도시화로 사라지는 경우가 대부분이다. 그래서 학교숲 운동이 더욱 절실하게 필요한 이유이기도 하다. 마을숲에 살면서도 곧고 좋은 소나무는 베어져 사라지고 현재의 나무들만 남았다. 그나마 학교 품속에서 안전하다. '굽은 나무가 선산을 지킨다'는 말처럼 인지초등학교 소나무숲은 휘어지고 굽은 모습으로 살아왔다. 목재로서의 가치보다 이 땅의 온갖 변화를 지켜보며 역사 지킴이가 된 소나무들.

　일제가 이 땅의 모든 것을 수탈하는 모습도 지켜보고, 한국전쟁의 포화 속에서도 살아남은 솔숲이다. 이제는 아이들의 놀이터를 지켜주고 아이들의 성장을 바라보는 지킴이 나무로 삶을 누린다. 정갈한 소나무밭은 학생들뿐만 아니라 이 지역의 주민들에게도 대단한 자부심이요, 자랑거리이다.

　온갖 어려움을 이겨낸 숲은 귀중한 자연문화유산이다. 단순한 나무로만 보는 안일함을 버리고 지속되는 자연문화유산으로 대접해야 한다. 관할 시청과 지역사회도 함께 관심과 애정을 쏟아야 한다. 우리들의 사고방식에는 물질문명이나 고층건물이 발전이요 행복인 줄 알지만, 이제는 개발보다 자연문화유산을 잘 보전하는 일이 더욱 중요하다는 생각으로 인식이 바뀌어야 한다.

탄소 중립을 위한 도시숲
청암중고등학교

서울시 노원구에 있는 청암중고등학교는 2년제 학력인증 학교이다. 만 25세 이상의 성인이 다닐 수 있는 학교이지만 대부분 젊은 시절 여러 사정으로 중고등학교를 다니지 못한 60~70대 학생이 많다. 학교는 소나무가 많은 곳이었지만 2016년 전북 남원에서 키가 큰 적송 16주를 옮겨와서 심었다. 이중 12그루가 잘 살고 있다. 그래서 교정 곳곳에 있던 소나무와 함께 더욱 풍성한 숲을 이루었다. 기존의 은행나무, 단풍나무, 벚나무가 어우러져 풍성한 녹지 공간을 이룬다.

정문에서 들어서면 운동장 오른쪽으로 맨발 걷기 코스가 있는 숲이 나타난다. 이팝나무, 산딸나무, 소나무, 벚나무, 단풍나무, 라일락, 무궁화가 조화롭게 어울려 시원한 그늘을 만든다. 이 숲정원 가운데는 미니 농기구 박물관이 있어 여러 기기가 전시되어 있다.

　농기구 박물관 앞에는 꽤 넓은 연못이 있어 수생태계를 갖추고 있다. 연못 위 다리에서는 숲을 내다 볼 수 있다. 화단과 주위 주요 경계목으로 박태기나무를 심었다. 봄이면 보라색 꽃이 줄을 이어 핀다. 본관 뒤쪽에는 꽤 오래된 무궁화나무가 있는데 해마다 꽃을 많이 피운다. 유실수로는 모과나무 6주, 복숭아나무, 살구나무, 대추나무 3주, 매실나무, 포도나무, 자엽자두나무 등이 있다.

　정원숲에는 산딸나무, 벚나무, 느티나무, 백목련, 은행나무, 단풍나무, 중국단풍나무 등이 숲을 이루고 있다. 유치원 앞 파고라에는 포도나무 덩굴을 올렸다. 본관 뒤쪽으로는 테니스장이 있는데 주위는 느티나무, 은행나무, 벚나무로 깊은 숲의 정취를 만들어내고 있다. 단풍나무, 벚나무 아래쪽으로는 해마다 초롱꽃이 많이 피어난다. 맥문동도 많아서 보라색 꽃이 피면 볼 만하다.

제7장

농업학교의 멋진 전통

호남원예고등학교

　호남원예고등학교는 참으로 귀한 학교이다. 산림, 원예 분야에 몇 안 되는 특성화고등학교이기 때문이다. 대한민국에서 원예고등학교는 부산시에 있는 동래원예고등학교와 나주시에 있는 호남원예고등학교 두 곳이다. 그래서 존재 자체로 가치가 매우 높은 학교이다. 교정에는 스마트팜과 과수실습원 등이 있어 학생들이 과수재배와 원예교육에 참여하는 교육과정이 진행된다.

　교정 입구를 들어서면 드넓은 정원이 펼쳐지고 본관 오른쪽으로 학교숲이 있다. 꽝나무, 가시나무, 섬잣나무, 화백 등의 상록수와 배롱나무, 단풍나무 등의 낙엽수가 조화를 이룬다. 꽝꽝나무는 다른 학교에서는 거의 볼 수 없을 정도로 잘 키운 수형이다. 원형으로 밝은 기운을 주며 오래된 역사를 보여준다. 학교 안에 꽝꽝나무 수량도 매우 많다. 본관 뒷쪽 운동장 가에는 제법 큰 개잎갈나무(히말라야시다) 4그루가 있지만 운동장 주변은 수목 식재가 아쉽다. 본관 건물에 바짝 붙어 있는 화백은 약간 어색해 보인다. 향후 넓은 곳으로 옮겨 심으면 더욱 좋을 것 같다.

넓은 정원에는 단풍나무, 배롱나무, 가시나무, 화백 등이 수형이 좋고 잘 자라고 있다. 오동나무, 남천, 사철나무 등도 보인다. 큰 나무는 많이 보이지만 관목이 눈에 띄지 않아 숲이 조화롭지 못한 아쉬움이 있다. 하지만 넓은 교정이라 학교숲이라 이름 붙인 좋은 숲도 있고 실습지 등이 있어 나무를 심고 가꾸는 학교라는 멋진 이미지를 준다. 조팝나무, 라일락, 병아리꽃나무, 미선나무 같은 관목이 더욱 많아지면 좋겠다는 생각을 해본다.

동래원예고등학교

동래원예고등학교는 호남원예고등학교와 더불어 대한민국에 2개뿐인 귀중한 원예고등학교이다. 학교 정문에는 태산목이 5주 정도 있고 팽나무, 오동나무, 자귀나무, 왕벚나무, 회화나무 등이 숲을 이루고 있다.

　정문에서 본관 가는 길은 당종려와 실화백이 어울려 멋진 정취를 자아낸다. 실화백, 당종려, 가이즈까향나무, 소나무 등 네 가지 종류가 적절히 혼재되어 자라고 있다. 본관 주위에는 금목서, 은목서, 구골나무, 뻐쭈기나무, 비파나무, 올리브나무, 애기사과, 치자나무, 아메리칸 포리(감탕나무과), 가시나무, 대추나무, 설구화, 태산목, 석류 등이 잘 자라고 있다. 나무 이름 표지석이 잘 되어 있다. 스마트 온실 등 많은 온실에는 다양한 식재와 실습이 이뤄지고 있다. 가을을 맞아 대국과 소국이 많이 준비되어 있다.

유성생명과학고등학교

　대전시 유성구에 있는 이 학교는 1951년에 유성농업고등학교로 개교하여 2000년에 유성생명과학고등학교로 교명을 바꾸었다. 학교 부지는 약 3만 4천여 평으로 고등학교로는 매우 넓은 부지이다.

농업기계관, 대형온실, 반려동물관도 있고 자동차 교습시설 등 직업교육 실습장이 곳곳에 자리 잡고 있다.

교내에는 개잎갈나무, 실화백, 독일가문비, 배롱나무, 소나무, 섬잣나무, 측백, 가이쯔가향나무 등이 눈에 띈다. 반려동물관 앞의 배롱나무와 독일가문비나무, 실화백 등이 상징성을 지닌 나무로 더욱 성장하리라 보인다. 드넓은 정원도 다른 학교에서 볼 수 없는 멋진 광경이다. 학교 본관 뒤쪽에 오래된 소나무숲이 있어 학교 자연생태환경이 뛰어나게 좋다.

이 숲속에는 대전시의 초, 중, 고등학교 학생들을 위한 원예체험장도 있어서 청소년들에게 귀중한 생태교육의 장을 열고 있다. 숲생태교육의 중심 학교로 역할을 다하고 있는 것이 보기 좋다. 아주 바람직한 숲교육을 실천하고 있다. 여건이 열악한 학교의 학생들이 와서 텃밭 실습도 하고 자연을 즐길 수 있는 공간이 넓어서 행복하다. 중앙 정원에 농자지천하대본이라는 글이 보인다. 사라져가는 농업고등학교의 쓸쓸한 그림자처럼 보인다.

청주농업고등학교

교문을 들어서면 오른쪽에 우람한 100주년 기념탑이 서 있다. 조금 더 숲속으로 걸어가니 80주년 표지석도 보인다. 그리고 4.19기념비도 나타난다. 교문 오른쪽에는 청농학생 독립운동기념탑이 장엄하게 서 있어 지역의 전통 깊은 학교임을 알 수 있다. 소나무, 향나무, 느티나무, 화백, 플라타너스 등 오래된 나무들이 많다.

정이품송 후계목이 표지판과 함께 있다. 지역의 천연기념물 후계목을 학교에서 심고 키우는 것은 자연문화유산에 대한 인식을 적극적으로 바꾸고 자부심을 갖게 하는 좋은 생각이다. 오래된 일본목련도 있다. 이팝나무도 많이 보인다. 주로 키 큰 나무 위주로 관목은 둥근향나무, 주목, 옥향 등이다. 반송이 상당히 많고 소나무도 많다. 열대온실, 묘목장, 분재원 등 다양한 시설이 있다. 농업박물관도 있다.

농심(農心)공원, 백추공원, 솟대독서공원 등 곳곳에 주제 숲이 있는데 공원이라는 표현보다 정원이라 부르는 게 맞을 듯하다. 임묘재배실습장, 반송재배실습장, 수경재배온실, 답작재배실습장, 분화재배온실, 과수재배실습장 등이 많아 명실상부한 농업고등학교의 진면목을 보여준다. 제2회 아름다운 숲 전국대회(2001년)에서 학교숲 분야 장려상을 받았다.

2010년에는 12억 들여 학교숲을 더욱 잘 꾸미고 100여 그루의 소나무를 심었다고 한다. 아마도 개교 100주년 기념으로 기획한 것 같다. 2011년 학교는 개교 100주년을 맞이했다. 역사와 전통이 깊은 학교에서 나무심기와 학교숲 정원을 많이 만들어 후세에 환경의 중요성과 환경교육을 펼치는 것은 매우 바람직한 일이다.

수원농생명고등학교

1936년 수원농업고등학교로 시작하여 현재 수원농생명고등학교이다. 유리온실, 분재실 등 다양한 시설과 80여 년 된 양버즘나무, 은행나무 등이 유구한 역사를 보여준다. 본관 앞 소나무 군락과 북수원중학교 경계에 있는 백송 150여 주도 눈에 띈다.

무엇보다 다른 학교에서 보기 힘든 수종들이 많다. 들메나무, 시무나무, 루브라참나무[10], 향선나무, 포포나무 등이 군락을 지어 있다. 정문 앞쪽은 명상숲 조성이 되어 있고 기존의 전나무, 수양버들, 화백, 실화백, 층층나무, 대나무숲 등이 잘 어울린다. 주엽나무, 자귀나무, 만주고로쇠, 고로쇠, 산수유, 홍단풍, 가죽나무, 섬잣나무,

---

[10] 루브라참나무 : 최근 가로수로 인기 있는 대왕참나무와 비슷하지만 보급률이 매우 낮다.

잣나무, 일본목련, 칠엽수, 향나무, 참빗살나무, 매화, 단풍, 느티나무 등이 잘 자라고 있다.

농고의 전신답게 온실 등 재배시설도 잘 갖추어져 있다. 그리고 원예실, 실습실 등도 갖추고 있다. 메타스퀘이어 등 다른 학교에서 볼 수 있는 나무들 외에도 잣나무, 일본목련, 칠엽수, 향나무, 참빗살나무, 매화, 모감주나무, 칠엽수, 계수나무, 단풍, 느티나무 등이 잘 자라고 있다. 학교숲의 모델이라 할 만하다.

언젠가부터 인문학교만 선호하는 시대의 인식이 농업고, 공업고, 상업고등학교의 이름을 사라지게 했다. 그나마 남아있는 실업계 학교 이름조차도 생명, 과학, 인터넷, 글로벌 등으로 바꾸어가고 있어 약간은 혼돈스럽다. 학교 이름을 지나치게 자주 바꾸는 점은 생각해볼 일이다. 시대의 흐름이 변한다고 하더라도 교명을 바꿀 때는 철학과 정체성이 있어야 한다고 생각한다. 매화는 와룡매 2그루 30년생(신준환 페이스북)이 있다.

풀무농업고등학교

충청남도 홍성군 풀무농업고등학교는 산속에 있는 전원학교이다. 온실과 실습장, 축사 등이 있지만 모두 숲속에 있어서 한눈에 들어오지 않는다. 풀무농고는 개교할 때부터 '식물원 같은 풀무학교를 꿈꾸며'라는 원대한 계획이 있었다. 본격적인 학교숲 가꾸기는 1차로 2001년 자연관찰학습원 조성으로 시작되었다.

유기농업과 생태농업을 지향하는 풀무농고는 곳곳에 걷기 좋은 산책로도 많이 있다. 종자 교환과 종자 목록 만들기 등 일반 학교에서 생각지도 못할 멋진 생태교육 사업도 하고 있다. 5차 2005년 학교숲 조성까지 학생들이 설계와 시공에 참여 등 모범적인 장면이 매우 많다.

교내에는 다른 학교에서 찾아볼 수 없는 다양한 나무들이 자라고 있다. 말채나무, 아구장나무, 정향나무, 히어리, 염주나무, 복자

기, 때죽나무, 버드나무, 칠엽수, 개잎갈나무, 병꽃나무, 자귀나무, 산겨릅나무, 실거리나무, 귀룽나무, 솔송나무, 섬잣나무, 구상, 산딸나무, 너도밤나무, 노간주나무, 모과나무, 단풍나무, 소사나무, 가문비나무, 생강나무, 흰말채나무, 낙우송, 빈도리, 구골나무, 함박꽃나무, 말발도리, 만병초, 모란, 금낭화, 삼나무, 박쥐나무, 새비, 노랑팽나무, 헛개나무, 괴불나무, 황벽나무, 쪽동백나무, 돌갈매나무, 당버들 등 정말 식물원 수준이다.

학교가 자리한 곳이 산속이어서 가능하기도 하다. 이렇게 다양한 수종은 일반 학교에서 꿈도 꿀 수 없는 수준이다. 초본은 애기나리, 패랭이, 꽃무릇, 매발톱, 금낭화, 종지나물 등이 보인다. 본관 앞의 운동장은 오래전에 숲으로 바꾸었는데 지금은 계수나무, 느티나무, 반송 등이 우거져서 마치 작은 밀림 같다. 급식소 뒷편 산속으로 오르는 길에는 야자매트를 깔았다.

운동장은 본관과 떨어져 있는데 숲속에 있다. 운동장을 둘러싼 은행나무, 계수나무, 느티나무가 자라서 완벽한 보호림이 되었다. 아마도 대한민국에서 제일 쾌적한 최고의 천연잔디 운동장이 아닐까?

교내를 돌아다니는데 모두 다 숲길이라 숲속학교의 깊은 맛을 간만에 만끽했다. 학교 안내는 원예과 강 선생이 하는데 학생들과 나무와 꽃을 심고 정원을 가꾸는 이야기를 많이 한다. 학교숲에 있는 나무는 느티나무, 향나무, 반송, 배롱나무, 계수나무, 향나무, 소나무, 백송, 노각나무, 때죽나무, 옥향, 주목, 편백, 화백, 측백, 갈참,

굴참, 졸참, 신갈, 떡갈, 상수리, 목백합, 낙우송, 벽오동, 은목서, 안개나무, 은행나무, 산목련, 백목련 등이 있다.

특히 튜우립나무(목백합)와 벽오동, 계수나무 등이 개체 수가 많다. 중간 키 나무는 히어리가 많고 미스김라일락, 백당나무 등 다양하다. 산속에는 얼레지, 깽깽이풀 등의 야생화와 매발톱, 할미꽃, 수레국화, 자주달개비, 어성초 등이 자라고 있다.

천안제일고등학교

옛 천안농업고등학교가 천안제일고등학교로 이름을 바꾸었다. 농업고등학교여서 학교 부지는 실습장 등을 비롯해 온실 등이 있어 상당히 넓다. 일반 학교의 5배 이상 면적이다. 학교의 역사를 알 수 있는 기념비가 정원에 있다.

① 천농비
② 농본(農本)
③ 6.25 참전 유공자 명비
④ 한국영농학생 전진대회 개최 기념비

학교 곳곳에는 정원도 여러 군데 조성되어 있고 다양한 나무들이 있다. 소나무와 반송이 많고 키 큰 나무로는 낙우송과 칠엽수가 많

다. 낙우송과 칠엽수는 수형이 매우 좋고 수령도 50년 이상 되어 보인다. 농업학교 안에 자리한 덕분이다. 100여 년 되어 보이는 상수리나무와 벚나무, 굴참나무 등 노거수가 보인다. 운동장 스탠드 위쪽에는 물푸레나무 한 그루와 민둥아까시나무 3주가 특이하다. 민둥아까시나무는 오래된 고목의 분위기가 물씬하다. 입구 정원에는 산사나무 3주와 꽃사과나무 등이 있다.

  이 외에도 교정 곳곳에는 단풍나무, 홍단풍나무, 산딸나무, 은행나무, 섬잣나무, 가이즈까향나무, 모과나무, 모감주나무, 백목련, 스트로브잣나무, 등나무, 산수유, 주엽나무 등 다양한 수종이 살고 있다. 관목으로는 수사해당화, 사철나무, 철쭉 등이 많다. 학교 식당 옆 숲속에는 다양한 색상의 꽃을 피우는 산당화 군락도 좋다. 반려동물관 쪽의 대나무숲도 멋지다.

천안제일고등학교 무궁화 동산은 충남교육청 나라꽃 무궁화 심기 지원사업으로 조경설계, 시공, 관리 수업과 연계하여 2학년 조경 3반 학생들이 실습으로 만든 무궁화 정원이다. 무궁화 품종은 레이디스텐리, 스타버스터 쉬폰, 화이트 쉬폰 등이 기록되어 있고 학생들의 이름이 기록되어 있다.

참나무류는 과일나무 다음으로 구황식물 기능을 해왔다. 그래서 이 땅의 굴참나무 등에는 생채기가 남아있다. 열매를 얻기 위해 나무 몸통을 때린 상처이다. 천안제일고등학교 굴참나무 노거수도 깊은 생채기를 갖고 있다. 이 깊은 상처를 요즈음 아이들은 이해할 수 있을까? 생각해본다. 참나무류의 열매인 도토리는 묵을 해먹는 식량이자 팽이놀이를 할 수 있는 장난감이기도 했다. 굴참나무의 껍질을 다양한 용도로 썼고, 신갈나무 잎은 짚신 안쪽에 깔개로, 떡갈나무 잎은 방부 기능이 있어 떡을 싸두는 용도로 쓰였다.

우리 일상생활에서 밀접한 참나무류는 삶속에 깊이 들어와 있기에 학교숲에 많이 심는 것이 좋다. 천안제일고등학교의 상수리나무와 굴참나무가 더욱 새롭게 보인다.

공주생명과학고등학교

　공주농업중학교(6년제)로 시작해서 공주농업고등학교, 공주생명과학고등학교로 교명이 변경되었다. 운동장 한편에 플라타너스 10여 주가 싱그러운 녹음의 숲을 보여준다. 문금자 교장선생님은 낙엽을 쓸지 않고 가을의 정취를 학생들이 맘껏 누릴 수 있게 한다고 한다. 교정 곳곳에는 낙우송이 많이 보인다. 회화나무도 오래되었다. 상록수인 실편백나무도 곳곳에 있다. 학교와 도로 사이에는 느티나무 30여 주가 울타리 하고 있고 양버즘나무 10여 주는 운동장 가에 서 있어 장관이다.

　정원에는 피라칸타를 한 줄로 심어 경계목으로 한 것이 눈에 띈다. 가을이면 붉은 열매가 장관이다. 이 외에도 안개나무, 대왕참나무, 칠엽수, 향나무, 단풍나무, 잣나무, 회화나무, 편백나무가 있다. 모과나무가 튼실해서 많은 열매를 맺는다.

제주고등학교

대한민국 어느 지역이나 과거의 농업고등학교 자리는 학교 부지가 넓고 오래된 숲이나 나무가 있기 마련이다. 아름다운 제주도에서는 제주고등학교가 그 주인공이다. 제주농업고등학교에서 출발하여 제주관광산업고등학교로, 다시 현재의 제주고등학교로 이름이 변해왔다.

개교 100년이 넘는 학교의 전통은 제주도를 대표하는 학교라는 자부심이 느껴진다. 웅장한 개교 100주년 기념관과 '세계를 향한 100년의 포효'라고 새긴 100주년 기념 상징 사자후상에서 그 기상을 엿볼 수 있다.

학교 부지는 일반적인 기준에서 보면 상상할 수 없을 만큼 매우 넓다. 한 번은 학교 부지 내에 또 다른 인문계 학교 설립을 반대한다는 동창회의 현수막이 보였다. 학교가 얼마나 넓으면 교육청에서 새로운 학교 설립을 검토했을까 하는 생각이 든다.

학교 홈페이지에 나타난 현황에 의하면 현재 학교 부지는 약 9만 여 평으로 도심의 학교보다 10배 이상의 넓은 면적이다. 여기에 실습목장(열안지), 학교림(교래리)을 합치면 도합 40만 평이 넘는다. 아주 넓은 대학 캠퍼스 수준 이상이다.

학교가 넓어 몇 번의 방문에도 일부분만 살펴볼 수 있어 학교숲 조사의 한계가 많다. 기회가 되면 다시 찾아서 학교 내의 수목을 살펴보아야 한다. 교래리에 있는 학교림과 열안지오름 주위의 실습목장도 살펴보아야겠다. 역사가 오래된 만큼 노거수나 특별한 의미가 있는 나무가 있으리라는 기대감이 생긴다. 아마도 대한민국 최

대 면적의 단일 고등학교가 아닐까 생각된다. 학교 안에는 묘목장, 실습지, 유리온실, 하우스, 자동차 실습장, 조리실 등 농업 관련 각종 시설이 많다.

농업고등학교 전통은 관광그린자원학과에 있다. 농업을 통해 학생들의 꿈과 끼를 계발한다고 한다. 학과 소개를 보면, '제주도의 아름다운 자연환경을 기반으로 하여 농업의 중요성과 가치를 배우며, 농업의 발전 방향을 찾는다'고 되어 있다. 조경 분야와 원예, 생활원예, 조경설계 분야 등 학교숲과 관련된 전공 분야가 반갑다. 향후 제주고등학교뿐만 아니라 전국의 학교에 좋은 학교숲을 조성하는 데 큰 힘이 되길 기대해본다.

학교 부지가 넓으니 나무도 다른 학교에서 볼 수 없는 규모로 많이 심어져 있어 훌륭한 녹색 공간을 이루고 있다. 교정 가로수로 심은 가이즈까향나무는 내가 다녀본 학교 중에서 제일 많다. 또 다른 가로수로 심은 먼나무는 붉은 열매가 맺으면 환상적인 공간으로 변신한다. 중문 쪽에 홀로 서 있는 가이즈까향나무는 노거수로 보인다. 역시 장성한 은행나무 한 그루와 마주 보고 서 있다.

정문에서 들어서면 멋진 소나무숲이 맞이한다. 개교 100년이 넘는 전통을 잘 보여주는 숲이다. 소나무가 가득한 작은 야산이 오래 전부터 있었던 것 같은 분위기이다. 한국의 숲정원이 갖는 특징이 바로 이런 자연스러운 숲이다. 이 소나무숲을 즐길 수 있도록 숲속 산책길도 있다. 제주고등학교 동창회장이 기증한 느티나무 30여 그루도 줄지어 무성하게 자라고 있다. 후배 사랑, 모교 사랑을 나무심기로 하니 최고의 선물이다. 중문 쪽 숲속에는 2006년 국제교류 기념 중국 자매학교와 함께 기념식수한 나무들도 보인다.

　넓고 넓은 제주고등학교 교정을 보면서 한 가지 생각이 든다. 조경이나 원예 분야에 뛰어난 제주고등학교 졸업 동문이 힘을 모아서 모교에 아름다운 정원, 모델이 될 만한 학교숲을 만들었으면 한다. 제주도뿐만 아니라 전국의 학교숲 모범이 되는 학교숲을 만들어보는 것이다. 난대 식물, 상록 사계절 식물원, 수생식물원을 만들어 학교숲의 가치와 중요성을 널리 알리는 계기가 되면 좋겠다. 훌륭한 인적 자원과 부담 없는 넓은 교정을 가진 제주고등학교만이 할 수 있는 일이기에 제안해본다.

남원용성고등학교

1936년 남원농업전수학교로 시작하여 남원농업고등학교, 남원용성고등학교로 이어졌다. 지금은 인문과정과 전문과정이 함께 있으며 식물자원과 농업토목과가 있어 교정을 더욱 잘 가꾸고 있

다. 교외 목장 220,000㎡ 등 281,000㎡의 넓은 학교 부지를 가지고 있다.

교목은 소나무, 교화는 국화이다. 9월 중순에는 교정 곳곳에 꽃무릇이 장관이다. 교문에서 본관으로 가는 길은 삼나무 가로수길이 사시사철 녹색으로 펼쳐진다. 소나무숲과 그 언저리에는 상수리나무, 은행나무, 벚나무, 느티나무, 양버즘나무 등 다양한 나무들이 어우러져 함께 산다. 정문을 들어서면 녹색 바탕에 학교숲 설명이 상세하게 되어 있다. 그 내용을 그대로 옮겨본다.

<u>함께 나누고픈 학교숲</u>

이 숲은 제7회 아름다운 숲 전국대회에서 '함께 나누고픈 학교숲'으로 선정되어 아름다운 공존상(우수상)을 수상한 숲입니다.

<u>천혜의 자연과 사람의 손길이 맞닿아</u>
<u>이루어낸 아름다운 조화</u>

오래된 전통과 더불어 멋들어진 오랜 수령의 나무들이 자연 상태로 보존되어 있는 숲에 사람의 손길이 빚어낸 야생화와 지피식물들이 어우러진 학교숲은 그야말로 조화로운 아름다움과 풍성함이 돋보인다. 이곳에서 학생들과 지역주민들은 현장 체험학습과 관찰 탐구활동, 문예활동 등 다양한 활동을 즐기고, 더불어 숲을 닮은 여유와 창의성을 배우고 있다.

<u>우리 손으로 직접 가꾸는 아름다운 용성 학교숲</u>

남원 용성고등학교는 지역 중심 특성화 고등학교로 식물자원과 교사와 영농학생들이 중심이 되어 별도의 조경업체에 의지하지 않고 직접 학교숲을 조성하고 가꾸어왔다. 여러 번의 시행착오로 인해 시간은 더 오래 걸리긴 했지만 우리 손으로 직접 숲을 가꾸는 즐거움과 자연활동의 보람을 느끼면서 생기는 학교숲에 대한 사랑은 더욱 남다르다.

- 생명의숲, 산림청, 유한킴블리, 남원용성고등학교

이 안내판에 학교숲에 대한 열정과 교직원, 학생들의 마음이 잘 담겨져 있다.

제8장

나는 유명한 나무이다

느티나무 한 그루 숲
담양 한재초등학교

한재초등학교는 전라남도 담양군 대전면 대치리에 있다. 큰 대(大), 고개 치(峙)를 쓰는 대치리. 큰 고개라는 의미다. '대치'의 순우리말이 '한재'다. 그래서 한재초등학교는 큰 고개에 있는 초등학교라는 뜻이다. 1920년에 문을 연 이 학교에는 한눈에 봐도 위엄 있는 느티나무가 당당하게 살고 있다.

바로 옆에는 고려시대 석불(담양 향토 유형문화유산 2-4호)이 나무를 지키고 있다. 수령 600여 년으로 추정되는 이 느티나무를 학교의 아이들은 스스럼없이 할아버지라 부른다고 한다. 나무에 올라가서 맘껏 놀기도 하고 느티나무 주위에서 많은 시간을 보낸다. 아이들도 올라갈 수 있을 정도로 약간 휘어져서 자랐기 때문이다.

오랜 세월을 지켜온 느티나무 한 그루가 가지는 상징성은 매우 크다. 상징적인 느티나무 한 그루는 거대한 숲과 같다. 한때는(6.25 전쟁) 이 나무 밑이 유일한 교실이 된 적도 있다고 한다. 고난한 시대를 잘 이겨내고 우람한 모습으로 살아가며 지금은 즐겁고 행복한 야외교실 역할을 한다. 담양의 한재초등학교를 나온 졸업생은 '나를 기른 8할은 우리 학교의 600년 된 느티나무'라고 했다. 그의 어투에서 자부심이 느껴졌다. 지금도 이 나무는 학생들의 자랑거리다.

천연기념물 제284호로 지정된 느티나무는 높이가 무려 30m에 달한다. 둘레도 어른 예닐곱 명이 두 팔을 활짝 벌려야 간신히 감싸 안을 수 있을 정도로 굵다. 우람하게 뻗은 모양새도 일품이고, 여기서 느끼는 위압감도 대단하다.

한편으로는 거룩한 경외감도 전해진다. 누가 보더라도 이 나무에는 범상치 않은 비밀이 깃들어 있을 것 같다고 느낄 것이다. 조선시대 태조 이성계가 전국의 명산을 찾아다니다 공들여서 손수 심은 나무라는 일화가 전해온다. 대부분 노거수 전설은 스님들의 지팡이 설화나 신령스러운 뱀이 살고 있어 함부로 못한다는 스토리텔링이 있다.

하지만 이성계라는 군주의 권위를 가진 나무의 탄생설화라는 보호장치가 특이하다. 실제로 모든 난관을 이겨내고 이 마을의 정신적 지주가 된 느티나무는 자랑스러운 문화유산이라고 할 것이다. 그래서 학교 교가에도 자랑스럽게 느티나무가 나온다. 앞으로 후계목도 따로 키우고 주위의 다른 학교에 분양하면 더욱 좋겠다는 생각이 든다.

6년을 학교에서 보내는 이 학교 학생들은 저마다 느티나무와의 아름다운 추억이 있을 것이다. 바로 옆에 있는 고려시대 석불과 함께 살아온 이 느티나무의 존재에 깊은 감사를 드린다.

느티나무에 가기 전 왼편으로 산림청에서 별도의 학교숲을 조성하고 특별히 문화재숲이라는 이름을 붙여 느티나무와 잘 어울리는 정원이 되었다. 덕분에 느티나무는 외롭지 않아 보이고 더욱 빛나고 있다.

함양초등학교 학사루 느티나무

경상남도 함양 군청과 나란히 있는 함양초등학교는 느티나무 한 그루로 유명하다. 학교 앞뜰에 있는 이 느티나무는 함양 학사루 느티나무로 천연기념물 제407호이다. 수령이 약 500년 된 것으로 추정되고, 높이 21m, 가슴 높이 둘레 2.64m, 가지 길이는 동서 21m, 남북 26m이며, 나무의 수세와 수형이 매우 좋다.

이 느티나무는 조선조 성리학자인 김종직이 함양현감으로 있을 때 함양객사 안에 있는 학사루 앞에 심어졌다고 전하여 함양의 역사를 알려주는 귀중한 나무로 인식되고 있다. 김종직의 아들이 병들어 일찍 죽자 자식을 위로하며 심은 나무라는 기록이 전해진다.

학사루(學士樓)는 관아 부속 누각으로 현재의 느티나무가 있는 함양초등학교 자리에 있었으며, 객사 동쪽에는 제운루, 서쪽에는 청상루, 남쪽에는 망악루가 있었다고 전한다. 통일신라시대 최치원이 함양 태수로 있으며 학사루에 자주 올랐었다는 것으로 보아 통일신라시대에 지은 것으로 추정하고 있다.

최치원은 함양 태수로 있으며 우리나라 최초의 인공림인 상림을 조성하기도 했다. 최치원이 함양 태수로 있으며 상림을 조성하며 느티나무 등을 많이 심은 것으로 보아 그 당시 후계목들이 자라고 있을 것으로 추정된다. 결국, 함양초등학교 느티나무의 전설은 신라시대부터 시작된 것으로 보인다.

학사루는 조선 숙종 18년에 다시 지었고, 1979년에 현 위치인 군청 앞으로 옮겼다. 무엇보다 중요한 것은 학교 안에 이 느티나무를 품은 지역주민들의 지혜가 빛난다. 사실 일제의 침략과 6.25전쟁 등 수많은 어려움이 있는 동안 이 땅의 노거수가 아쉽게 사라진 경우가 너무 많다. 역사와 스토리텔링이 있는 몇 안 되는 노거수는 학교와 사찰에 남아 그 명맥을 유지하고 있다. 이런 점에서 근대화 과정에 학교를 지으며 지역의 노거수를 운동장 안에 보호한 선조들의 마음이 너무나 고마울 뿐이다.

느티나무 숲속 교실
대구제일여자상업고등학교

전국의 대부분 상업학교가 교명을 바꾸었지만 이 학교는 꿋꿋하게 정체성을 지키며 제일여자상업학교라는 학교명을 유지하고 있어 아주 매력적이다. 대구시에서 운동장을 천연잔디로 가꾸고 있는 몇 안 되는 학교 중의 하나이다. 운동장과 아파트 경계 사이에 드넓은 느티나무숲을 갖고 있는데 이 밑에 벤치를 설치하여 숲속 교실로 활용한다. 이 부분이 대구제일여상이 가진 멋진 장면이다.

2014년에는 학교 건물 사이에 중앙 정원을 조성했다. 생명의숲 드림스쿨 사업으로 조성했는데 잘 유지하고 있다. 입구를 알리는 아치형 문에는 백화등이 우거져서 아름다운 장면을 연출한다. 실화백과 산딸나무, 산수유 등의 나무들도 어울린다. 중앙 정원의 좋은 점은 학생들의 접근성이다. 언제든지 바라볼 수 있고 쉽게 찾을 수 있는 장점이 있다. 제일여상 학생들의 감성을 풍부하게 해줄 중앙 정원은 앞으로 더욱 풍성해지리라 믿는다.

　많은 숲해설가들은 느티나무를 잘 기억하라고 해설을 재미있게 한다. 예를 들면 봄철에 다른 나무보다 잎이 늦게 난다고 느티나무라고 하기도 하며, 또는 어느 곳에 있어도 늘 티가 난다고 느티나무 등으로 해석을 다양하게 한다.

　느티나무가 빛나는 학교들이 많이 있다. 전북 남원시 용성초 느티나무 525여 년, 경북 경산시 진례중학교 앞 느티나무(수령 340년), 남원시 운봉초 느티나무, 울산시 병영초등학교 느티나무, 울산시 울주군 상북초등학교 소호분교 느티나무, 경남 창원시의 삼진중학교 보호수 느티나무, 창원시 합성초등학교 느티나무 등이 유명하다. 대부분 느티나무를 가로수나 경계목 개념으로 한 줄로 심고 관리 차원에서 전지를 계속하니 느티나무의 특성이 잘 나타나지 않

는다.

하지만 마을의 정자목으로 남은 느티나무나 학교의 느티나무는 수형이 우람하고 좋은 그늘막을 주고 있다. 대구제일여자상업고등학교는 다른 곳에서 하지 않는 느티나무숲을 만들어 야외교실 역할을 잘하고 있다. 또한 느티나무를 모아 심어서 앞으로 보게 될 울창한 숲을 기대하게 된다. 고정관념을 깬 좋은 생각이다. 어떤 나무이든지 사람의 기준으로 자르고 관리하면 그 나무의 본성이 잘 나타나지 않기 때문이다.

히말라야 지역에서 숲을 이루고 자라는 개잎갈나무(히말라야시다)를 가로수로 심고는 뿌리가 옆으로 퍼져 넘어지는 위험이 있다고 계속 무리한 가지 자르기를 하니 보기 흉한 나무로 바뀌는 것을 보면 안타깝다. 플라타너스도 마찬가지이다. 작은 나무로는 회양목이 그런 경우다. 자연에서는 2~3m까지도 자라며 자연스러운 모습이지만 학교나 아파트단지, 길가에서는 끊임없이 전지하여 난장이로 만들어버린다. 이런 회양목을 일률적으로 자르니 꽃도 피우지 못하는 경우가 대부분이다. 나무의 본성을 잘못 배울 아이들이 걱정된다.

도시에서 가장 먼저 봄꽃이 피는 회양목 꽃향기는 참으로 좋아 추위에서 깨어난 벌들의 첫 양식이기도 하다. 하지만 사람들의 바쁜 눈에는 연두색 작은 꽃들이 보이지 않나 보다. 아니 자세히 보고 향기를 누릴 마음의 여유가 없기 때문이다. 매화나 장미같이 익숙한 꽃에만 천착하는 좁은 생각들이 아쉬울 뿐이다.

가장 장엄한 개잎갈나무는
강릉중앙고등학교에 산다

강원도 강릉시 강릉중앙고의 전신은 강릉농업고등학교이다. 일반 고등학교에 비해 상당히 넓은 공간을 갖고 있다. 체육관, 운동선수 기숙사 등이 캠퍼스 곳곳에 산재해 있다. 본관 입구에는 개잎갈나무 한 그루가 장엄하게 서 있고 양쪽으로 수양벚나무가 보좌진처럼 지키고 있다. 이 학교의 개잎갈나무 수령은 2023년 기준으로 130년이다. 1~12회 졸업생들이 기념식수의 연원을 기념석에 잘 표시해둔 덕분에 식수 시기와 수령을 정확하게 알 수 있는 나무이다.

이 개잎갈나무는 한국 내에서 마산여자고등학교의 개잎갈나무와 함께 수형이 아름답고 수령이 오래된 나무로 추정된다. 나무 한 그루가 멋진 숲 자체라고 할 만하다. 이 학교를 거쳐가는 학생들은 알게 모르게 가슴에 자부심을 가질 것이라 믿는다.

바로 옆에는 수양벚꽃나무가 있는데 꽃이 필 때는 정말 장관이다. 역시 학교 안에 잘 보존되어 키도 크고 수형도 멋지다. 대부분 지역의 농업고등학교들은 부지도 넓고 온실 등 부대시설도 많았는데 세월이 갈수록 농고라는 이름과 함께 그 면모도 사라지고 있어 안타깝다. 강릉중앙고도 학교 부지는 넓지만 이 나무 한 그루가 모든 것을 압도한다. 누가 보더라도 신성스러움과 경외심을 가질 수밖에 없다. 학교의 상징적인 나무를 이렇게 잘 보존하고 있으니 고마운 일이다. 대부분 학교에서는 안전을 이유로 강한 전지를 하고 있어 제대로 된 개잎갈나무는 보기가 쉽지 않다. 개잎갈나무는 뿌리가 옆으로 번지는 천근성이라 위험하다는 논리이다.

하지만 자연 상태의 나무들은 서로 의지하거나 자력으로 잘 살고 있다. 지나친 인간의 선입견이 강조된 부분이 많다. 설립 100년이 넘는 많은 학교에서 과도한 전지로 볼품없는 전봇대 모양의 나무를 하도 많이 보고 있어 안타까움이 많다. 강릉시의 강릉중앙고와 창원특례시 마산여고, 광주광역시 효덕초등학교의 우수한 사례를 본받았으면 좋겠다. 한편 개잎갈나무를 교목으로 하는 학교는 광주시 효덕초등학교, 광주동성여자중학교, 전남 나주 봉황고, 보성초, 영산포초. 대구 계성초, 영동산업과학고등학교 등이 있다.

마산여자고등학교
정문을 지키는 개잎갈나무

　경남 창원시 마산여자고등학교에는 마치 상징탑처럼 보이는 키 큰 개잎갈나무[11]가 있다. 나무는 학교 100년 역사의 상징처럼 교문을 지키고 있다. 푸른 하늘을 향해 당당하게 뻗은 이 나무를 보는 순간 찌릿찌릿한 감동과 존경하는 마음이 들 수밖에 없다.

11　개잎갈나무 : 개잎갈나무·히말라야시다·히말라야삼나무·설송(雪松)이라고도 한다. 높이 30~50m, 지름 약 3m이다. 잎갈나무와 비슷하게 생겼으나 상록성이므로 개잎갈나무라고 부른다. 가지가 수평으로 퍼지고 작은 가지에 털이 나며 밑으로 처진다. 나무껍질은 잿빛을 띤 갈색인데 얇은 조각으로 벗겨진다. 겨울눈은 길이 2mm 정도이며 달걀 모양이다. 잎은 짙은 녹색이고 끝이 뾰족하며 단면은 삼각형이다. 짧은 가지에 돌려난 것처럼 보이며 길이는 3~4cm이다.
시다는 '신성하다, 거룩하다'라는 뜻이 있다고 한다. 수형이 매우 아름다운 나무이지만 우리나라 학교에 심은 히말라야시다는 안전을 위한다는 명목으로 너무 강한 전지를 해서 기형적인 모습이 많아 안타깝다. 대구시 동대구로 가로수길 히말라야시다가 유명하다. 영동산업과학고등학교 정문에도 멋진 히말라야시다 한 그루가 있다.

우리나라 전체를 보아도 다섯 손가락 안에 드는 멋진 수형과 큰 키를 지니고 있다. 수많은 세월 마산여자고등학교를 거쳐간 학생들의 가슴에, 추억에 아로새겨졌으리라 본다. 이 학교를 거쳐간 수많은 동문의 가슴에 남고 영원한 포토존이다. 정면에는 소나무, 이나무와 금목서가 어우러져 있고 오른쪽에는 가이즈까향나무 등이 함께 서 있다. 오른쪽 산책길에는 오래된 단풍나무도 함께 숲을 이루고 있다.

이 학교를 거쳐간 대부분의 학생들은 개잎갈나무를 잊지 못할 것이다. 실제로 학교를 찾은 일요일에도 이 나무의 추억을 새기는 졸업생들을 만나고는 한다. 요즈음 언어로 핫한 포토존이었다고 한다. 학교 앞으로 큰 도로가 나면서 옮겨야 할 큰 위기도 있었으나 마산여고 출신의 대통령 부인까지 나서서 나무를 지켰다는 이야기도 있다. 그래서인지 다른 곳과 달리 사람의 손을 덜 타서 나무 본연의 아름다운 모습을 잘 유지하고 있다. 보는 이로 하여금 거룩한 마음이 우러나오게 하는 마력이 있다. 학교숲 운동을 하면서 이런 부분을 많이 강조하지만 여전히 도시의 학교들은 나무들을 인간의 관점에서 고문하고 괴롭힌다. 그럴 바에야 아예 나무를 심지 말든지.

개잎갈나무 외에도 이나무, 금목서 등이 수형이 매우 좋다. 이나무는 의자 등을 만드는 데 쓰여 의나무에서 이나무로 되었다는 이야기와 수피 점 같은 모양이 이와 닮았다고 해서 이나무라는 설이 있다. 학교에 있는 이나무로는 가장 큰 나무로 보인다. 마산여자고등학교 정문 쪽의 개성 있는 숲의 향훈을 가득 머금은 학생들은 살

아가면서 언젠가는 가슴속에서 생태교육의 소중함을 살려내리라 믿는다. 학창시절 숲속의 추억을 떠올리며 말이다. 그리고 아는 만큼 느끼고, 느끼는 것만큼 보인다.

최제우나무 대구시
종로초등학교 회화나무

대구광역시 종로초등학교는 도심지에 있는 학교이다. 대구중부경찰서가 운동장과 바로 붙어 있고 교문 옆은 서문로 119안전센터이다. 서쪽 담장 옆으로는 북성문화마을이다. 동쪽으로는 대구근대역사관과 경상감영공원이 있다. 교내에 있는 회화나무는 수령이 400여 년 되는데 '최제우나무'라는 이름표가 붙어 있다.

중부경찰서와의 경계는 신나무(단풍나무과)가 모여있다. 회화나무는 최제우나무를 비롯해 후계목 2세대 2주 등이 보인다. 본관 앞에는 향나무가 4주, 소나무, 살구나무, 석류나무, 산수유나무 등이 있다. 특히 산수유나무는 고목으로 유명하다. 측백나무는 울타리용으로 많이 보이고(북성문화마을 쪽) 은행나무와 히말라야시다가 고목인데 강한 전지 등으로 수형이 불완전하여 보기가 민망하다. 모과나무도 고목이 3주 보인다. 관목은 무궁화, 남천이 많다.

　중앙 현관과 화단에 목화가 유달리 많이 심어져 있다. 식물교육에 대한 남다른 의지가 보인다. 이 학교 출신 전직 대통령이 기념식수를 했다는 나무는 눈에 들어오지 않는다. 석류는 풍성하게 달려 있다. 산수유, 은행나무, 개잎갈나무 모두 전지를 지나치게 한 흔적이 보인다.

　화단에는 조형물이 많은데 이승복상, 어린이 교육헌장 등 5개나 보인다. 역사의 흔적이기도 하지만 다소 과하게 설치한 면도 있어 보인다. 종로초등학교의 대표 나무인 회화나무는 대구시에서 2003년에 보호수로 지정하고 최제우나무라고 이름 붙였다. 최제우 선생이 경상감영 감옥생활과 근처 아미산에서 사형당한 이야기를 엮어 만들었기 때문이다. 대구시는 이 외에도 지역의 인물들 이름을 붙

인 나무가 지금까지 23호 나온 것으로 기록되어 있다. (2021년 기준)

    나무의 역사와 생명 가치를 적극적으로 반영한 긍정적인 면도 있고 어떤 나무는 지나치게 견강부회한 스토리텔링이라 생각한다. 그래도 지역에 있는 나무들과 역사, 인물을 연결하는 뜻깊은 방법이라 판단되어 뜨거운 박수를 보낸다.

태풍을 이겨낸 태안군
근흥초등학교 회화나무

충남 태안군 근흥초등학교는 학교숲이 아름다운 근흥중학교와 바로 붙어 있는 개교 102주년(2023년 기준) 되는 역사 깊은 학교이다. 운동장 가운데 있는 회화나무는 보호수로 수령이 400여 년 되고 높이가 약 15m, 가슴둘레가 3m 되는 장엄한 나무였다. 하지만 2019년 9월에 서해안 쪽으로 올라온 13호 태풍 '링링'에 의해 나무의 중심이 쓰러졌다. 죽을 것만 같던 회화나무는 남은 약 3m 정도에서 옆으로 새로운 가지가 나고 왕성한 생명력으로 잘 자라고 있다.

회화나무는 학자수라고도 한다. 조선시대 양반집에는 회화나무를 심는 것이 유행이었다. 어쩌면 근흥초등학교의 회화나무도 어느 양반집에 심어졌다가 학교가 품게 된 것인지도 모르겠다. 1820년대에 창덕궁과 창경궁의 전경을 담은 '동궐도(東闕圖)'에 회화나무가 버드나무와 함께 등장한다. 지금의 근흥초등학생들은 태풍 링링으로 부러진 회화나무 가지 위에 새집을 달아줬다. 원래 회화나무가 그랬던 것처럼 많은 새를 품기를 바라는 마음이 보였다.

  개인과 가족의 출세를 기원했던 회화나무에서 공존하면서 살아가려는 지혜로운 어른들이 회화나무에 희망을 단 것이다. 자연재해 태풍을 이겨내고 반토막으로도 여전히 생명을 이어가는 근흥초의 회화나무는 더욱 그 가치가 빛난다.

회화나무 그늘 드리우다
자인초등학교

경상북도 경산시 자인초등학교에 들어서면 품위 있는 회화나무가 우뚝 서 있다. 오랜 풍상을 겪은 노회한 모습이다. 경산시 보호수로 지정된(1982) 수령이 230여 년(2023년 기준) 된 것으로 추정된다. 약간의 상처가 있기는 하나 대체적으로 건강하게 잘 자라고 있다. 마을에 남아있는 노거수들은 대부분 지나치게 아스팔트에 포장되거나 나무 주위가 좁은 곳이 많아 위기를 느끼지만 학교 안에서는 넉넉한 공간을 차지하고 있어 학교숲이 더욱 존경스럽다. 자인초등학교의 회화나무도 주위가 넓고 포장 없이 지피식물로 보호되고 있어 모범사례이다.

이 땅의 대부분 노거수들은 마을 사람들이 모여 1년에 한 번 제사를 지내는 풍습이 있다. 합동 제사를 통해 정신적 지주로, 문화 프로그램으로 유대감을 나누며 나무에 대한 관심과 보존에 노력한 이 풍습은 거의 사라져가고 있다. 자인초등학교의 회화나무 제사도 사라진 것으로 알고 있다. 지금은 학교라는 든든한 울타리가 보호하고 있으니 안전하기도 하다.

예로부터 회화나무는 유서 깊은 사찰이나 서원, 그리고 명문 가문의 정원에만 심었다고 한다. 또한 회화나무는 잘 자라기 때문에 느티나무와 함께 당산목이나 정자목으로 많이 심기도 했다.

도시의 회화나무

내가 사는 도심의 근린공원에서 회화나무 아래 빗자루로 청소하는 청소원이 있어 물었다. 꽃잎이 작고 깨끗하니 쓸지 말고 그냥 두면 어떠냐고 물었더니 화를 내며 큰일 날 소리라고 한다. 매일 깨끗하게 쓸지 않으면 민원이 들어오고 자신들이 질책받으니 순간순간 쓸어야 한다는 것이다.

회화나무는 매일 조금씩 꽃이 오랫동안 떨어지니 제일 싫은 나무라고 한다. 학자수로 대접받아 궁궐이나 벼슬하는 집안에서 대접받던 회화나무가 공원에서는 귀찮은 존재가 되어버렸다. 다행히 학교 안의 회화나무들은 대접받으며 편안하게 잘 살고 있다. 학교숲은 이런 장점이 있다.

운동장 한가운데 은행나무
괴산군 청안초등학교

　은행나무는 살아있는 화석이라 할 만큼 오래된 나무로 우리나라, 일본, 중국 등지에 분포하고 있다. 우리나라에는 중국에서 불교와 유교가 전해질 때 이 땅에 들어온 것으로 전해지고 있다. 가을 단풍이 매우 아름답고 병충해가 없으며 넓고 짙은 그늘을 제공한다는 장점이 있어 정자나무 또는 가로수로도 많이 심는다.

　충북 괴산군 청안초등학교의 은행나무는 공식적으로 읍내리 은행나무이다. 수령은 약 1,000살 정도로 추정된다(1964년 천연기념물 165호 지정일 기준). 나무의 높이는 약 16m, 가슴높이 둘레 7.35m로 알려져 있으며 사방으로 고르게 퍼져 잘 자란 멋진 나무이다.

　우리나라 최고의 은행나무를 품은 학교로 전국의 모든 학교를 통틀어 자연문화유산 가치가 가장 높은 최고의 학교이다. 이 나무에 얽힌 이야기는 다음과 같다.

고려 성종(재위 981~997년) 때 이곳의 성주(지금의 군수)가 백성들에게 잔치를 베풀면서 성(城) 내에 연못이 있으면 좋겠다 하여 백성들이 '청당(淸塘)'이라는 연못을 만들었다. 그 주변에 나무를 심었는데, 그중의 하나가 지금의 은행나무라고 한다. 마을 사람들은 성주가 죽은 후 좋은 정치를 베푼 성주의 뜻을 기려 나무를 정성껏 가꾸어 온 것이다. 이 나무 속에는 귀 달린 뱀이 살면서 나무를 해치려는 사람에게는 벌을 준다고 하는 전설이 함께 내려오고 있다.

읍내리 은행나무는 마을을 상징하는 나무로서, 또는 백성을 사랑하는 고을 성주를 기리고 후손들의 교훈이 되도록 하는 상징성을 가진 나무로써 문화적 가치가 클 뿐만 아니라 1,000년 가까이 살아온 큰 나무로서 생물학적 보존가치도 크므로 천연기념물로 지정하여 보호하고 있다.

　이런 역사와 전설이 있었기에 지금까지 무사히 잘 보호된 것으로 보인다. 지팡이 설화나 전설 등의 훌륭한 보호장치가 있는 노거수들은 이 땅의 역사이자 문화이고 민초들의 삶이기도 하다. 그래서 마을 사람들은 자연문화유산으로 잘 지켜왔다. 이제는 학교 운동장이 품어 그 전통과 역사를 이어가고 있다. 개발과 이익이라는 지독한 인간의 욕망으로부터 안전한 유일한 곳이 그래도 학교이기에 말이다.

역사가 있는
아산시 영인초등학교 은행나무

　아산시 영인초등학교에는 조선시대 태종 때 만든 여민루라는 정자가 남아있다. 가까이 고려시대 조성된 오층석탑과 석불도 잘 남아있고, 근처 관음사 삼층석탑과 석불 등도 있어 고려시대, 조선시대를 거쳐온 역사 깊은 지역임을 알 수 있다. 영인리 미륵불은 조선시대 조성된 것으로 추정된다.

　여민루는 조선시대의 아산군 관아 입구에 세워졌던 문루인데, 동향한 낮은 기단 위에 4각형의 초석을 배열하고 그 위에 둥근 기둥을 세워서 마루를 앉혔다. 개교 100주년 기념물 근처에는 수령 430여 년의 은행나무가 있는데 학교 안에 있어 그나마 잘 보존되어 온 것 같다.

　은행나무는 수령에 비해서 수형이 완전하지 못한 것 같아 다소 안타깝다. 아무래도 사람의 손을 타서 자연스럽지 못한 점이 보이고 은행나무 외에는 다른 나무들이 전혀 없어서 생태환경이 무척 나쁘다. 홀로 남은 은행나무가 더욱 쓸쓸해 보인다. 주위에 작은 정원을 만들고 은행나무가 잘 살 수 있는 여건을 마련하면 좋겠다. 2022년 방문했을 때 기준이다.

제9장

가치 있는 자연문화유산 학교의 나무

왕버들이 장엄한
도개초등학교

경상북도 구미시 도개초등학교 운동장 한가운데에 수령 170여 년 된 왕버들나무가 멋지게 서 있다. 나무 아래에 상상놀이터를 만들어 아이들이 늘 왕버들나무 아래에 찾게 만든 의도가 참 보기 좋다. 그물을 타고 오르기도 하고 시원한 그늘 아래에서 책을 읽기도 하고 친구들과 대화를 나눌 수 있는 공간이다. 아이들이 학교의 주인공이라는 사실을 확인시켜 주는 멋진 시설이다.

과거에는 운동장 가운데 구령대가 있고 교장선생님 전용 공간이었지만 세월이 흘러 이제는 중앙이 아이들의 놀이터요, 도서관이 된 것이다. 이 한 그루의 왕버들나무와 상상놀이터만으로 이 학교는 충분히 좋은 학교임을 알 수 있다. 이 학교 운동장 주위는 큰 나무가 거의 없어 중앙에 있는 왕버드나무가 더욱 빛나 보인다.

왕버들나무의 생태적 안전과 조경의 맛을 위해서 나무를 중심으로 주위에 작은 정원을 만들면 좋겠다는 생각을 해본다. 운동장이 가지고 있는 권위나 형식이 변해야 한다. 누구를 위한, 무엇을 위한 존재인지 판단해보면 학교 운동장의 일부분을 정원으로 만드는 일이 더욱 잘 풀리리라. 경주시 감포초등학교 왕버들은 이미 정원 안에서 더욱 멋지게 살고 있다. 주위의 녹색과 어울려서.

미국 대통령 오바마의 마음이 담긴
태산목 안산단원고등학교

"목련은 아름다움을 뜻하고
봄마다 새로 피어나는 부활을 의미합니다."

2014년 방한한 오바마 미국 대통령이 세월호 참사 희생자를 기리며 안산단원고등학교에 이 '잭슨 목련'의 후손(後孫)인 묘목을 기증하며 한 말이다. 우리나라에서는 태산목이라고 부르는 이 목련은 백목련과 달리 상록이다. 당시 백악관 앞뜰의 잭슨 목련 묘목을 가져온 것이다. 역사상 미국 현직 대통령이 대한민국 학교에 기증한 오직 하나뿐인 나무이다.

이 태산목은 미국 백악관 앞뜰에서 자라며 수많은 언론에 나온 유명한 나무이다. 미국 역대 대통령이 전용 헬기를 타거나 내려 인터뷰하던 곳이 잭슨 목련 앞이기 때문이다. 한때 20달러 지폐를 장

식하며 200년 가까이 미국 백악관 남쪽을 지켜왔던 태산목은 몇 년 전 세월을 이기지 못해 150여 년 생을 마감하고 잘려나갔다.

태산목 나무 한 그루가 이렇게 주목을 받은 것은 이 나무에 얽힌 사연과 역사성 때문이다. 미국의 7대 대통령 앤드루 잭슨(1829년 3월~1837년 3월 재임)은 법률적 착오로 이혼이 마무리되지 않은 여성과 결혼해, 대선 유세 내내 정적(政敵)들로부터 '결혼의 합법성'을 놓고 심한 공격을 받았다. 마음고생이 심했던 아내 레이철은 남편의 당선 며칠 뒤 숨을 거뒀고, 죽기 전에 "워싱턴의 그 궁전에서 사느니, 천국의 문지기로 살겠다"고 말했다고 한다. 잭슨 대통령은 생전에 고향 테네시 주의 농장에서 아내가 가장 좋아했던 목련의 묘목을 옮겨와 백악관에 심었다. 그 뒤 백악관의 모든 나무가 바뀌는 동안에도 '잭슨 목련'은 39명의 미국 대통령과 함께했다.

허버트 후버 대통령(31대·1929~1933년 재임)이 아침을 먹고 각료회의를 한 곳도, 프랭클린 D. 루스벨트 대통령(32대·1933~1945년 재임)이 윈스턴 처칠 영국 총리와 담소를 나눈 곳도 이 나무 그늘 밑이었다. 사임을 발표한 리처드 닉슨 대통령은 이 나무 곁을 지나 백악관을 떠났다. 남쪽 잔디밭(South Lawn)에서 '머린 원(Marine One)' 헬리콥터로 이착륙하는 미 대통령을 취재진이 기다리는 곳도 이 태산목 근처였다.

　오바마 대통령이 한국을 방문할 때 가져온 태산목은 세월호 희생 학생을 추모하며 단원고등학교에서 자라고 있다. 미국 백악관에서 없어진 태산목 후계목의 역할을 하며 자라고 있어 더욱 그 가치가 높다.

현풍초등학교의
오래된 종가시나무

　대구시 달성군 현풍초등학교에는 높이가 10m, 나무둘레가 2.5m나 되는 오래된 종가시나무가 있다. 아마도 대구시 지역의 원조 종가시나무가 아닐까 추정한다. 1980년대 이상희 대구시장이

대대적인 나무심기를 계획했다. 이후 1990년대 민선 문희갑 시장이 적극적인 숲을 조성하면서 가시나무, 후박나무, 녹나무 등 남해안이나 울릉도에서 자생하는 상록수를 시험재배했다.

그러나 겨울철 영하 10도까지 내려가는 대구 추위를 견디지 못했으나 그중에서 가시나무, 목서, 종가시나무는 꿋꿋이 적응해 지금도 잘 자라고 있다. 이정웅 전 대구시 녹지과장은 "제주도에서 종가시나무를 들여와 동대구로 등에 심었다"며 "종가시나무는 장차 대구를 더 푸르게 할 나무다"고 강조했다.

현풍초등학교의 종가시나무는 학교 안에서 잘 보호받으며 살아왔기에 대구시를 대표할 수형과 크기를 지키고 있다. 학교숲의 중요성이 더욱 빛나는 장면이다. 반면에 도로에 심은 나무들은 여러 수난을 겪어서 제대로 자랄 수 없는 것이다. 지속성이 보장되지 않는 것이다. 상대적으로 학교 안에서 자라는 나무들이 제대로 된 수형도 유지하고 지속적인 성장을 보장받는다. 다만 안전을 이유로 잘못된 전지를 하지 말아야 한다.

와룡매가 장관인
김해건설공업고등학교

　김해건설공업고등학교는 전국의 학교 중에서 오래되고 많은 매실나무로 유명하다. 해마다 차이는 있지만 2월 중순부터 매화꽃이 피기 시작한다. 보통은 2월 말에서 3월 초가 되면 절정에 이른다. 필자는 3월 1일에 가본 적이 있다. 많은 사진작가들이 매실나무를 찾는다.

　김해건설공고 앞의 매실나무는 줄기가 용이 꿈틀거리는 모습이라고 와룡매라고 부른다. 교문 입구 양쪽으로 많이 심겨 있어 접근하기도 좋다. 학교 안의 주차장도 개방해주는 마음이 넉넉하다.

　1927년 일본인 교사가 학교 입구 쪽에 심은 것이라고 하니 거의 100년이 다 되었다. 매실나무는 다양한 품종이 개발되어 300여 종이 넘는다고 한다. 우리나라에서는 열매의 색에 따라 청매, 황매로 구분한다. 꽃이 워낙 아름다워 매화나무라고 부른다.

우리나라에서 매화나무는 다른 나무와 달리 심은 사람의 이름을 따거나 장소, 모양 등에 따라 다양한 이름이 붙는다. 통도사의 자장매나 화엄사의 홍매화, 순천 선암사의 선암매, 조식매, 단속사터의 정당매 등이 널리 알려져 있다. 이 외에도 강릉 오죽헌 율곡매, 장성 백양사 고불매, 전남대 홍매(대명매), 담양 지실마을 계당매(지실매) 등이 알려져 있다.

김해건설공고의 와룡매는 꽃보다 나무 모양에서 지은 이름이다. 나뭇가지가 꿈틀거리며 승천하는 용의 모습과 닮았다 하여 붙인 이름이다. 매화와 용을 연관시키는 발상이 대단하다. 수원시 수원농생명과학고에도 일본과의 교류 사연이 있는 와룡매가 있다.

플라타너스 멋진
경기도 광주시 분원초등학교

경기도 광주시 분원초등학교는 팔당호가 내려다보이는 아름다운 학교이다. 광주시는 삼국시대 백제의 도읍으로 370여 년을 보낸 곳이고 조선시대 500년 도자기 가마터가 400여 곳에 이른다. 학교는 그중 분원요 자리에 1921년에 세워졌다. 지금은 100년이 되는 학교 전통을 이어가며 교내에 분원백자관이 함께 있다.

학교 주위는 은행나무, 단풍나무, 전나무, 느티나무 등이 에워싸고 있어 숲속의 전원학교이다. 특이한 점은 교문 양쪽으로 전나무가 마주 보고 서 있어 마치 유명한 장소에 들어가는 기분이다. 전나무 호위 신장을 지나면 오른쪽에 플라타너스[12] 두 그루가 장엄하게 서 있다.

운동장 가운데 쪽 플라타너스가 키도 크고 수령도 오래되었다. 이 플라타너스가 바로 분원초등학교의 상징이 되었다. 플라타너스 주위로 데크를 넓게 설치해서 좋은 점이 많다. 이 정도 규모의 플라타너스를 보기가 쉽지는 않다. 길거리 가로수로 서 있는 플라타너스는 대부분 강전지되어 좋은 수형을 유지하지 못하는 데 비해 학교 안에 산 덕분에 온전한 수형을 유지하며 장엄하게 자라고 있다.

---

12 플라타너스 : 버즘나무, 열매가 방울처럼 생겼다 하여 방울나무라고도 한다.

뉴턴의 사과나무는
서울과학고등학교에서 자란다

　서울시 종로구 혜화동 서울과학고등학교 예지관 앞에는 사과나무 한 그루가 멋진 수형으로 잘 자라고 있다. 이 사과나무는 한국표준연구원에서 보급한 뉴턴의 사과나무 후계목 4대손 나무이다. 뉴턴이 만유인력의 법칙을 깨닫게 된 사과나무는 그의 어머니가 여러 나라에 분양했다고 한다. 아들의 명성을 이용해 사과나무를 특화시켜 상품화한 것이다. 우리나라에는 표준연구원, 카이스트, 대전과학고등학교, 서울과학고등학교 교정에 있다. 서울과학고등학교에는 장영실 동상도 따로 있어 과학에 관련 있는 기념물이 되고 있다.
　후계목 사과나무는 다른 나무들처럼 잘 자라고 있다. 교내에는 생태연못과 좋은 나무들이 많이 자라고 있다. 특이한 점은 역대 교장선생님이 여러 가지 나무를 기념식수했다는 기념석이 있다. 백송, 음나무, 배롱나무, 섬잣나무, 석류 등이다. 모두 수형도 좋고 잘 자라고 있어 학교의 좋은 전통을 잘 보여주고 있다.

　본관 앞에는 백송, 가문비나무, 단풍나무, 향나무, 측백 등과 최근에 심은 금송 등이 있다. 과일나무로는 교화 지정기념으로 심은 매실나무, 감나무, 사과나무 등이 있다. 본관 뒤쪽에는 큰 연못과 정원이 있어 학생들의 감수성과 힐링에 많은 도움이 될 듯하다. 언덕 위 소나무숲에는 우암 송시열의 글씨가 남아있는 '천년바위'가 있다. 주변의 소나무와 어울려 역사의 깊은 맛을 느끼게 한다.

등나무 보호수 한 그루가 매력인
서산시 운산초등학교

충남 서산시 운산초등학교에는 수령이 160여 년 된 보호수 등나무가 있다. 전국의 많은 학교에 등나무가 있지만 보호수는 운산초등학교 등나무가 유일하다. 대부분 2~4그루를 심어서 그늘막도 하

고 학생들의 쉼터교실로 활용한다. 하지만 운산초등학교 등나무는 단 한 그루가 자라서 거대한 그늘교실을 만들었다.

보라색 꽃이 피는 4~5월에는 장관을 이룬다. 한편 한국에서 가장 오래된 등나무는 국무총리 공관에 있으며 수령이 900여 년으로 추정된다. 운산초등학교는 최고의 등나무와 함께 개교 100주년 기념물이 있는 정원과 운동장 쪽 숲길도 매우 좋은 학교이다.

순천공업고등학교의 오래된
녹나무 노거수 그늘

　순천시 순천공업고등학교 교정에는 남부 수종 녹나무 노거수가 많이 있다. 학교 본관 앞쪽에 일렬로 늘어서서 운동장을 바라보는 녹나무 거목들이 장관이다. 이 녹나무들은 1910년대에 양묘장이

었던 이곳에 당시의 묘목이 일부 남아있는 것으로 추정되어 최소한 100년 이상 되었다고 본다.

양묘장 시절을 거쳐 순천사범대학이 있었고 지금은 순천공고가 이어받고 있다. 일제 강점기와 6.25전쟁을 거치면서도 살아남은 내륙에서는 희귀수종인 녹나무 거목이 반갑고 신기하기도 하다. 교정의 반송, 소나무, 은행나무, 향나무, 그리고 귀한 유동나무, 녹나무 숲이 어울리는 생태적인 가치가 매우 높은 학교숲이다. 2017년에는 (사)생명의숲에서 개최한 '제17회 아름다운 숲 전국대회'에서 공존상을 받았다.

순천공고가 자리 잡고 있는 곳은 그 전에 순천사범대학이 있던 곳으로 당시의 근현대 정원 양식과 건물이 일부 그대로 남아있다. 나무들도 오래된 나무가 많다. 녹나무 외에도 열매의 기름이 항공유로 쓰였다는 유동나무가 남아있으며, 운동장 한켠에 고인돌로 추정되는 바위들과 어우러진 100년 된 소나무들, 아름드리 미루나무, 줄지어 늘어선 메타세쾨이어 등이 있다.

60여 년 안팎의 침엽수들과 함께 어우러져 도심 속에 위치한 학교숲으로서 그 생태적 가치를 높게 평가받고 있으며 오래도록 잘 가꾸어진 공원을 보는 듯하다. 녹나무는 제주도에 많이 자라지만 내륙에서는 해안가에 일부 남아있고 순천공고 교정처럼 오래된 녹나무 군락은 없다.

특색 있는
나무들이 있는 학교숲

전국의 초, 중, 고등학교를 다니면서 많은 나무를 만나면서 놀라게 되는 경우가 있다. 학교의 역사나 주위 환경에 비해 오래된 나무와 특이한 나무를 만나는 기쁨이다. 그중에서 몇 군데 학교사례를 보자.

제주도 납읍초등학교 바로 앞에는 납읍난대림이 있다. 학생들은 마치 학교숲처럼 이 숲을 즐긴다. 숲 안에는 납읍초 학생의 시(詩) 작품들이 늘 게시되어 있어 감동이다. 납읍난대림은 상록수림으로 상록교목 및 60여 종의 난대성 식물이 자라고 있다. 1993년 천연기념물 제375호 '금산공원'으로 지정됐다. 후박나무, 생달나무, 식나무, 종가시나무, 아왜나무, 동백나무, 모밀잣밤나무, 자금우, 송이, 마삭줄이 있고 전형적인 난대림상을 이뤄 학술가치가 높다고 한다.

전북 진안군 마령초등학교 이팝나무군은 천연기념물 214호로 지정되어 있다. 지정 당시(1968) 7그루였으나 현재 3그루가 남아있다. 아기사리라는 슬픈 사연을 담은 스토리텔링이 있는 곳이다. 충남 부여시의 한국식품과학고, 홍산중학교 섬잣나무(오엽송)는 다른 곳의 나무보다 수형이 좋고 멋지다. 학교 초기에 선생님들이 직접 심은 나무라고 한다.

경남 진주시의 이반성초등학교에는 메타쉐쿼이어 숲길이 멋지다. 창원시의 감천초등학교 배롱나무, 함양군 함양중학교 배롱나무는 자주 보고 싶은 마음이 가득한 나무이다. 제주시의 함덕초등학교 정원에 있는 자귀나무는 매혹적이다.

충청남도 천안시 천안제일고등학교의 상수리나무, 굴참나무는 생채기 흔적이 있는 노거수로 일반 학교에서 쉽게 볼 수 없는 좋은 나무이다. 민둥아까시나무도 마찬가지이다. 낙우송이 우뚝한 충남의 부여여자중학교도 인상적이다.

창원시 마산여자고등학교의 이나무도 생긴 모습이 독보적이다. 의자나무라고도 하는 이나무는 수피에 이가 붙은 모양이라고 해서 지어진 이름이다. 경기도 남양주시 광동고등학교에는 60여 년 된 귀룽나무와 중국굴피나무, 학교 근처 국립광릉수목원에서 나온 2세대 계수나무 군락이 있다. 강원도 홍천군 강원생활과학고에는 수양버드나무, 갈참나무, 굴참나무, 가시칠엽수가 좋다.

부산시 수영중학교에는 오래된 비파나무가 있어 많은 열매를 수확할 때가 있었는데 최근에는 노쇠한 상태이다. 박달목서 한 그루도 학교숲에서는 희귀하다. 울타리로 많이 심은 말발도리도 특이하다. 울산 성신고등학교에서 만난 팔손이나무는 다른 학교에서 보기 힘든 나무이다.

울산여자상업고등학교 정원의 노간주나무는 졸업생의 기념식수로 잘 자라고 있다. 높은 산 바위 근처에 자생하는 노간주나무가 울산여상 정원에서는 점잖게 멋진 수형으로 살고 있다. 노간주나무에 대한 선입견이 무너졌다. 울산고등학교의 흰동백나무도 키가 크며 꽃이 많이 핀다. 정원의 피라칸타 열매는 풍성하며 꽃이 적은 가을과 겨울 정원의 주인공이 된다.

제주도 동남초에는 붓순나무와 나한송 고목이 있다. 붓순나무는 제주도와 남부 해안 일부에서 자라는 늘푸른나무이다. 꽃과 잎, 줄기에서 향기가 난다고 향목(香木)이라고도 한다. 나한송도 늘푸른나무이다. 내륙에서 보기 힘든 붓순나무와 나한송 고목이 있는 동남초등학교 학교숲은 보배이다.

파주시 적서초등학교에는 고로쇠나무 두 그루가 있는데 높이는 10m 정도 된다. 학교숲 안에서 이렇게 잘 자란 고로쇠나무는 보기 힘들다. 바로 옆에 있는 물푸레나무도 키가 크며 상태가 매우 좋다. 적서초등학교에는 향나무도 멋지게 자라 수형과 키 모든 면에서 전국 학교숲에서 으뜸이라 할 만하다.

광주시 수피아여자고등학교에는 낙우송이 있는데 졸업생이 함께 심고 20년마다 낙우송 앞에서 만나자는 약속이 글로 남아있다. 우리나라 최고의 목련이 전남 진도 석교초등학교에 있었지만 개교 100주년을 앞둔 2020년 5월경에 고사하였다.

백목련이 아닌 한국 토종 목련 중에서 수형이 좋고 오래된 목련이 전남 진도군 석교초등학교 운동장에서 살고 갔지만 지금은 후계목으로 삶을 이어가고 있다. 살아있을 때는 전라남도 기념물 217호로 보호받으며 석교초등학교의 랜드마크였다. 공식적으로는 석교리 백목련으로 알려졌고 2020년 9월 10일 기념물에서 해제되었다. 사실은 백목련이 아닌 꽃잎 6장인 토종 목련이었기에 그 안타까움은 더하지만 후계목 덕분에 위안이 된다. 이와 같이 우리나라 학교에는 자연문화유산 나무가 많고 그 가치는 대단한 것이다. 그럼에도 불구하고 관심 끌지 못한 이유는 무엇일까?

그동안 한국에서 학교가 추구하는 주요 방향과 학부모가 원하는 학교상은 입시 성적과 안전, 학교의 명예 쪽에 치우쳐왔기 때문이다. 이제는 생태환경과 교실 공기질, 먹는 물 관리 등에도 관심을 가져야 한다. 모든 학교가 획일적이고 비슷해야 할 이유는 없다고 생각한다. 다양성과 개성이 존중되기 위해서라도 교목, 교화 선정의 다양성이 필요하다. 지역의 문화와 역사성도 반영되는 교목이라면 더욱 좋을 것이다.

천안의 호두과자는 상당히 특화된 상품이지만 정작 호두나무를 교목으로 하는 학교는 없다. 공주의 밤은 최고 상품이지만 공주 지역의 학교에서 밤나무를 교목으로 하는 곳은 얼마나 될까? 우리 학교만이 가지고 있는 특성을 잘 살려야 한다. 나무 한 그루 심더라도 뉴턴 사과나무 후계목, 정이품송 후계목처럼 다른 학교에 없는 개성이 있다면 좋을 것이다.

이제는 다양한 나무를 심는
변화의 시대

학교를 다니다 보면 아직은 나무와 꽃들이 단순하다. 가장 쉽게 볼 수 있는 나무는 상록수로 소나무, 잣나무, 스트로브잣나무, 전나무, 섬잣나무, 주목이 있다. 활엽수로는 느티나무, 백목련, 은행나무, 회화나무, 칠엽수 등이다. 학교의 상징인 교목은 소나무, 은행나무, 느티나무가 대세이다. 종류가 그리 많지 않던 시대 문화를 반영한다. 교화 역시 진달래, 개나리, 장미, 철쭉 등이 대부분이다.

우리 교육 현실에서 교목과 교화는 학교 홈페이지에서만 살아있고 현실에서는 무관심하다. 이제는 관심 갖고 새로운 교목과 교화를 선정할 필요가 있다. 그리고 교목과 교화에 대한 교육도 함께 이뤄져야 한다. 지금은 도시 가로수나 공원에 심는 나무도 종류가 많아졌다. 꽃도 토종을 많이 복원 보급하고 원예종이 많아지고 다양하다.

앞으로 학교숲에 보급되면 좋은 나무는 다음과 같다. 키 큰 나무는 산딸나무, 노각나무, 칠자화나무, 귀룽나무, 참나무 6형제(상수리, 신갈나무, 떡갈나무, 갈참나무, 졸참나무, 굴참나무), 계수나무, 아까시나무, 칠엽수, 쉬나무, 회화나무, 느릅나무, 층층나무, 버드나무(용버들, 호랑버들, 왕버들, 수양버들, 능수버들), 노각나무, 오동나무(벽오동, 개오동), 플라타너스, 튜우립나무, 태산목, 음나무, 꽃사과나무, 이팝나무, 팥배나무, 마가목, 산수유나무, 모감주나무, 호두나무이다.

관목으로는 히어리, 미선나무, 무궁화, 수수꽃다리, 죽단화, 병꽃나무, 말발도리, 흰말채나무, 병아리꽃나무, 좀작살나무, 팥꽃나무, 산수국, 공조팝, 조팝나무, 만병초, 목단이다.

유실수는 대추나무, 감나무, 매실나무, 복숭아나무, 모과나무, 사과나무, 블루베리이며, 남부수종은 홍가시나무, 동백나무, 꽃댕강나무이다.

꽃은 붓들레아, 허브류, 비비추, 옥잠화, 범부채, 작약, 창포류를 더욱 많이 심으면 좋겠다. 가을꽃으로는 마타리, 층꽃, 용담, 도라지, 뚱딴지, 털머위(남부수종) 등도 심어 다양성을 확보하자.

지방자치 정부는 수십억, 수백억의 예산을 투자하는 사업을 시행하고 있지만 지역 내 학교의 숲 가꾸기에는 관심이 적었다. 다행히 최근에는 교육청과 지방정부가 관심을 두기 시작했지만, 예산이 상대적으로 매우 미미하다. 환경문제 해결방안이나 지역주민의 복지 차원, 미래 인재인 청소년을 위한 투자로 학교숲 조성을 풍성하게 해야 한다.

제10장

학교는 떠났지만,
그 자리에 나무는 남는다

손기정 체육공원이 된
양정중고등학교터

양정중고등학교는 양천구 목동으로 이전하고 남은 터는 손기정 체육공원으로 변신했다. 5월 중순에 찾은 공원은 금계국이 노란 꽃밭을 이루고 있다. 은행나무 유주도 세월의 흔적을 보여준다. 공원에는 옛 학교의 모습이 남아있다. 본관은 손기정기념관으로 변했지만 담쟁이덩굴에 덮여 고풍스럽게 살아있다. 양정고 출신 손기정 선수가 1936년 베를린 올림픽 마라톤 우승 기념으로 받은 월계관나무(대왕참나무)는 보호수로 지정되어 잘 살고 있다.

우리나라 최고의 이 대왕참나무는 월계수나무라는 이름표를 표지석으로 갖고 있다. 하지만 가을 단풍물이 곱고 잎 모양도 특이하고 잘 자라서 이제는 공원과 가로수로 많이 심는 나무가 되었다. 양정고의 옛터에 남은 이 나무는 한국 대왕참나무[13]의 1세대의 명실상부한 존재가 되었다.

대왕참나무가 공식적으로 수입되기 시작한 것은 그리 오래되지 않았기에 손기정 대왕참나무는 더욱 가치가 있다. 지금도 옛 학교의 역사와 공원으로 변한 시절을 지켜보며 우람하게 잘 살고 있다. 그래서인지 공원에는 유달리 대왕참나무가 많다.

다음으로는 칠엽수가 많고 오래된 은행나무도 옛 영화를 보는 듯하다. 최근에는 이팝나무, 목련, 라일락, 단풍나무 등도 많이 심었다. 곳곳의 언덕에는 수레국화가 가득하다. 학교는 목동 신시가지

---

[13] 대왕참나무 : 단풍이 아름다워 최근에 전국적으로 가로수로 많이 심는다. 1990년대부터 본격적으로 수입되었다. 비슷한 나무로 루브라참나무가 있다.

로 이전했지만 학교숲과 상징적인 대왕참나무, 칠엽수, 은행나무가 남아있는 역사의 현장이다. 지금 주위에는 칠엽수를 비롯한 많은 나무들이 풍성한 숲을 이루어 시민의 멋진 휴식처가 되고 있다.

폐교가 새 생명으로 살아난
울산 들꽃학습원

(2012년 부산 장안중학교 교장으로 근무할 때 생명의숲 회원들과 함께 찾은 탐방기입니다)

이름이 참 예뻐서 달려가 보니 굵은 빗속에서도 아늑하고 편안한 아름다운 곳이다. 1999년 척과초등학교 서사분교는 폐교되고 2000년 5월 울산교육청이 운영하는 들꽃학습원으로 재탄생했다. 우리나라 전역에서 인구가 줄어들고 도시화 등으로 문을 닫는 학교가 갈수록 많아지는데 대부분 폐교라는 서글픈 이름으로 부른다.

하지만 들꽃학습원은 새 생명으로 다시 태어나 더 많은 학생에게 생태교육을 베풀고 있으니 진정 멋진 학교이다. 들꽃학습원은 학생을 위한 생태교육, 교원연수, 시민체험행사, 환경 관련 행사지원, 식물관찰 학습도우미 운영 등을 하고 있다.

토요일 내리는 비인지라 우리에게는 궂은 비이지만 나무와 꽃들은 감로수이리라 생각하고 평소와 다름없이 관찰하며 듣고 기록하는 사뭇 진지한 회원들의 자세가 보통이 아니다.

학습원의 좋은 점은 수많은 야생화와 나무들을 심고 이름표를 잘 붙여놓아 한자리에서 다시 확인할 기회를 준다는 것이다. 한편으로는 엄청나게 차려놓은 뷔페 같아 이곳저곳 살피느라 눈과 발이 바쁘다. 새삼 느끼는 것은 우리 식물 이름이 한글과 생활 속의 이름을 잘 지니고 있다는 점이다.

살펴본 나무 이름만 해도 히어리, 아그배(아기배-꽃사과), 참빗살나무, 붓순나무, 함박꽃나무, 병아리꽃나무, 팥배나무, 이팝나무, 조팝나무, 박태기나무, 떡갈나무, 상수리나무, 신갈나무, 졸참나무, 갈참나무, 굴참나무, 뽕나무 등 얼마나 정겨운 이름들이 많은지 모르겠다. 붓꽃, 처녀치마, 구슬붕이, 깽깽이풀, 할미꽃, 족두리풀, 박주가리, 하늘나리, 솔나리, 중나리, 말나리, 끈끈이주걱, 네귀쓴풀 등 초화류에도 정겨운 이름이 얼마나 많은지 모르겠다.

접두어로 섬, 두메, 산, 왜, 개, 애기, 쥐 등을 붙여 출신 성분과 생김새, 학력, 미모 등을 구분한 것도 참 재미있다. 언젠가 수생식물 코너에서 수련과 백련 등을 구분하는 방법과 다양한 연(蓮)을 설명하는 데 왠지 집중하지 않고 웃기만 해서 당황한 적이 있다. 이번에 들꽃학습원에서 그 주인공들을 만나보니 그 생각이 난다. 개연과 그 옆의 왜개연(蓮), 어리개연, 노랑어리개연 등이다. 출신 성분이 달라 개를 붙여 구분하다 보니.

사상까동백은 그냥 애기동백이라고 하면 어떨까? 궁금하다. 쉽싸리, 거지덩굴, 댕댕이덩굴 등 재미있는 이름도 처음 보았으니 수확이 대단하다.

학습원 1층의 민물고기 전시와 2층의 압화, 노거수 사진 등 좋은 자료가 많아 몇 번이고 다시 와서 보고 싶다. 우리 학생들과 선생님, 학부모 모두에게 정말 좋은 산 교육장이다.

보도에 의하면 일인당 소득이 제일 높은 도시는 울산이라 한다. 한국 경제를 이끄는 큰 공장들이 많아서이다. 그래서인지 울산 시목이 돈을 연상시키는 은행나무이다. 내가 사는 부산은 시목이 동백나무이다 보니 야구장이나 해운대에서나 '꽃피는 동백섬'을 목이 터져라 부르는 건지도 모르겠다.

하여튼 울산시는 성장에 따른 환경문제에 일찍 눈을 뜨고 과감한 투자를 해서 울산들꽃학습원, 울산대공원, 태화강 십리대밭, 신불산과 가지산, 무제치늪 등 상징성이 확실한 자연환경을 내세우고 있다. 울산 시내 삼호교 주위는 홍가시나무 가로수길을 조성했고, 남구청 젊은이의 광장 주위에는 이팝나무 거리가 잘 되어 있다.

얼마 전 신문에서 읽은 울산동백꽃(오색팔중 동백) 이야기에도 진지한 노력이 엿보인다. 생명의숲만 해도 울산이 우리 부산보다 한참 큰집이니 아무래도 이 분야는 부산이 따라가야 할 일이 더욱 많다고 본다. 우리 부산생명의숲 가족의 분발이 필요하다는 점을 울산들꽃학습원에서 느낀다.

이참에 음식점이나 술집에도 어설픈 외래어 대신에 깽깽이국밥

집, 박주가리쌈밥집, 거지덩굴빵집, 쉽싸리모텔, 댕댕이덩굴은행, 처녀치마실비집, 솔라리아파트, 말라리생식다이어트, 개연호프, 왜개연초밥, 히어리하우스, 이팝조팝레스트랑 등 얼마나 다정한가? 금후 우리 야생화(들꽃) 이름 보급협회를 만들어 널리 알리면 안 될까 생각한다.

이런 풀 저런 꽃

다음은 들꽃학습원에서 보고 느낀 주관적 느낌일 뿐이니 사실과는 전혀 다를 수 있다. 그냥 관찰하면서 일어난 생각을 정리해본다. 맑은 날 본다면 그때는 다른 느낌으로 볼 수도 있겠지만 비 오는 날 본 느낌일 뿐이다.

① 홀아비꽃대 : 이름이 주는 이미지와 달리 깔끔해 보인다. 꽃말도 '외로운 사람'이라는데 생김새가 그리 외로워 보이지 않는다.

② 풀솜대 : 둥굴레와 비슷해 보이는데 산사에서 보릿고개 시절 죽을 쑤어 먹었다고 지장풀, 지장보살이라는 이름으로 부른다고 한다. 식물 이름에 지장보살이라는 중생구제 보살의 이름이 붙다니 대단하다. 역시 먹는 일을 해결해주면 최고의 대접을 받는다. 식물이나 사람이나.

③ 미치광이풀 : 넉넉하게 생긴 넓은 잎과 평범한 모습인데 어찌 이름이 좀 심하다. 뿌리의 독성 때문이라고 한다지만, 요즈음 누가 저런 풀을 캐서 뿌리를 먹겠는가? 이거 안 먹어도 미친 사람 많다. 복잡한 도심에 살다 보면 미칠 확률이 훨씬 높은데 이름 좀 바꿔주

자. 미치기 전에.

④ 쥐오줌풀 : 아무리 보아도 참 어울리지 않는다. 꽃도 잎도 매우 이쁘다. 보이지도 않는 뿌리에서 조금 지린 냄새가 난다고 너무하다. 누가 뿌리 캐서 냄새 맡아보고 이름 지었을까?

⑤ 만병초 : 좀 심하다. 너무 많은 부담 준다. 그냥 평범한 꽃으로 살 것을 어찌 효능이 그리 많아 만병통치약 만병초인가? 만병초여! 자네 살아갈 일이 걱정이다. 노리는 사람이 많을 테니 단디 숨어 살아라.

⑥ 아그배나무 : 그냥 꽃사과라고 부르자. 아무리 보아도 참 예쁘다. 비를 맞으며 보아도 예쁘다.

⑦ 돌단풍 : 올라올 때 새순이 제일 예쁘다. 붉은 입술 모양으로 올라올 때는 붉은색 꽃인 줄 착각할 정도다. 완전히 올라오면 백의민족이 된다.

⑧ 접두어 '각시'가 붙으면 향이 좋다.

⑨ 우산풀 : 비가 오니 우산풀도 똑같은 처지이다. 그냥 주룩주룩 비를 맞고 있다.

⑩ 나물 이름을 가졌지만 먹지 못하는 피나물, 동의나물, 젓가락나물은 독성이 강하다. 어찌하여 나물 형제에 속하며 먹지 못하게 했을까? 나물이라고 함부로 달려들지 말라는 엄중한 경고인가?

부산 산림교육센터로 변해서
더 많은 사람이 찾는 윤산중학교터

    부산시 금정구 윤산 아래 있는 윤산중학교는 2012년 폐교되었다. 이 학교를 부산시에서 부산산림교육센터로 운영하고 있다. 학교 바로 뒤쪽이 윤산이라 생태환경이 매우 좋다. 옛 학교 시절 교정을 지켜온 느티나무 4그루는 관중석 위쪽에 있어 풍성한 그늘을 베푼 공덕으로 수형이 아주 풍성하고 넉넉하다.

    교문 입구에는 히말라야시다 두 그루가 지금도 수문장 노릇을 하고 있다. 센터를 찾았을 때 운동장 공간에 수생식물원, 온실 등의 조경 공사가 한창이었다. 산림교육센터답게 다양한 정원을 만들고 관리하는 노력이 보인다. 윤산과 경계를 이루는 부분에는 대나무숲을 잘 조성해서 보기 좋았다. 오죽과 맹종죽, 대나무 등을 분류하여 작은 숲을 만들어 쉽게 구분할 수 있도록 했다.

교정 곳곳에는 비파나무, 당종려, 홍가시나무 등의 상록수와 멋진 배롱나무 군락, 자귀나무, 느티나무 등이 숲속 분위기를 내고 있다. 상대적으로 그리 넓지 않은 운동장이었지만 지금은 멋진 체험을 할 수 있는 정원으로 변신을 거듭하고 있으니 앞으로 더욱더 기대된다.

모교가 사라지지 않고 아름다운 정원으로 변하고 산림교육센터가 운영되고 있으니 폐교활용의 모범사례라 할 만하다. 부산시민뿐 아니라 누구라도 방문할 수 있어 좋다. 산림교육센터의 발전을 기대하며 가벼운 발걸음을 돌린다.

경기고등학교 떠나고
정독도서관이 남다

서울시 강남구 수도산 봉은사 뒤편으로 이전한 경기고등학교는 수도산 북쪽에 자리 잡았다. 남쪽으로는 봉은사와 경계를 이룬다. 산자락 숲과 교정은 좋지만 여기서는 옛터(1900~1976년)를 이어받은 정독도서관의 정원을 살펴본다.

정독도서관 중앙 정원에는 등나무 파고라가 입체적으로 연결되어 있다. 종로구 아름다운 나무로 지정된 왕벚나무(90여 년)와 수양벚나무(90여 년), 회화나무 보호수(246년), 백송, 백목련, 은행나무, 화백 등이 남아있다.

문화재로 지정된 본관은 우리나라 공립학교의 첫 출발이다. 본관 앞에는 스트로브잣나무 7주가 우람하게 지키고 있다. 특히 중앙 정문을 호위하는 두 그루는 마치 수호신과 같다. 이곳의 특징은 등나무 파고라이다. 한두 군데에 있는 것이 아니라 정원 전체에 등나무

파고라가 있으며 모두 중앙으로 이르는 길을 안내하고 있다.

　잔디 정원에는 꽃사과나무와 감나무, 왕벚나무(종로구 아름다운 나무) 등이 옛 영화를 잊지 못하고 서 있다. 수양벚나무(90년)가 꽃이 필 때는 장관을 이룬다. 특징은 스트로브잣나무 7주와 화백나무가 많이 있다는 점이다. 스트로브잣나무를 본관 앞 대표 수종으로 쓴 학교는 아직 보지 못했다. 이 나무는 북아메리카 동부 지역 원산이다. 사철 푸른 상록이고 보급 가격이 상대적으로 저렴하고 잘 살기 때문에 조경 공사에 많이 쓰여 공사목이라고도 부른다. 그래서 대부분 향나무, 주목, 소나무, 측백 등을 상징수로 심거나 낙엽수일 때 느티나무, 벚나무, 회화나무 등을 많이 심는다.

우리나라 최초의 공립학교 건물 앞에 어울리는 나무 종류를 한 번쯤은 고민했으리라 본다. 기존의 소나무나 향나무를 피하고 미국 수입종인 스트로브잣나무를 심은 것은 그간의 형식을 깨며 새로운 변화를 뜻하는 것이라고 볼 수 있다. 결과적으로는 어디서도 찾아보기 힘든 멋진 모습으로 경기고등학교 시절을 보내고 지금도 정독도서관 본관 앞에 주인공 마냥 우뚝 서 있다.

교내에는 겸재 정선의 인왕제색도비를 대한민국 문화부에서 만들어 설치했다. 김옥균집터, 교육박물관 등 둘러볼 곳이 많다. 1970년대 초반 경기고등학교를 졸업한 동문께 학창 시절을 여쭈니 6년의 중, 고등학교 시절을 들려준다. 애국가 4절과 교가 3절을 다 부르고 난 뒤에야 교실로 들어갈 수 있었던 그 시절과 등나무꽃의 추억 등을 함께 상기한다.

복지겸 딸이 심은 은행나무는
천연기념물로

충남 당진시 면천초등학교 있던 자리에 1,100여 년 된 은행나무 두 그루는 고려 개국 공신 복지겸의 딸이 심었다는 기록이 있다. 1,100여 년 세월을 살아온 은행나무 두 그루는 면천초등학교 안에서 살아왔다. 2016년 학교는 가까운 곳으로 이전하였고 지금은 동헌과 객사 등 옛 문화 복원터로 변했다. 두 그루의 은행나무는 천연기념물로 지정되어 국가의 보호 관리를 받는다. 대한민국에서 한 자리에 있는 은행나무 두 그루가 천연기념물로 지정된 것은 이곳이 유일하다.

이 학교터에는 은행나무와 함께 310여 년 된 보호수 회화나무도 장엄하게 살고 있다. 또한 학교 울타리 앞에 있는 느릅나무도 200여 년 된 노거수이다. 이 외에도 느티나무, 호랑가시나무 등 노거수와 좋은 나무들이 가득한 정원이 학교는 떠났지만 잘 보호되고 있다.

개인적으로는 학교가 떠난 부분이 매우 아쉽다. 학생 수는 유치원까지 해도 70여 명 정도인데 제 자리에서 리모델링했더라면 하는 생각이다. 공간도 매우 넓고 무엇보다 많은 노거수와 정원, 그리고 1,100여 년 된 은행나무를 품은 학교가 이곳 외에는 없기 때문이다. 교육청과 지역사회가 내린 결론이라 이해는 하면서도 최고의 가치를 놓친 기분이라 아쉬움이 가득하다.

은행나무 탐방을 위해 학교터를 찾았을 때 식당에서 우연히 들은 이야기로는 면천 은행나무에 매년 제사도 지낸다고 한다. 지역주민들의 향토 자부심 같은 것을 느낄 수 있었다. 마을 사람들의 정신적 지주이면서 역사의 산증인인 은행나무에 대한 예의나 가치 제고를 따진다면 학교와 학생들의 품속에서 있는 것이 더욱 멋지다고 생각해볼 뿐이다. 서울시 중앙고등학교, 부평초 은행나무도 역사성과 문화가 담겨 있다.

은행나무 생각

지구상에서 가장 오래된 나무이다. 필자의 닉네임도 은행나무이다. 길거리 가로수로 오래 살아온 은행나무 열매 냄새가 싫다고 베어내는 지방자치단체가 있었다. 이 세상에 완벽한 것은 없지 않은가. 90%의 좋은 점과 10%의 불편함이 있다 하면 어느 쪽을 택해야 하는가? 매사 이분법으로 보고 판단하는 어리석음이 안타깝다. 병충해도 없어 해로운 약을 안 쳐도 되고 건강에 좋은 열매를 제공하는 은행나무인데도 말이다.

은행나무잎 서너 장을 옷장, 벽장 등에 넣어두면 바퀴벌레 등이 살지 못한다. 일찍이 제약회사에서 은행나무잎에서 추출한 혈액순환제는 지금도 최고의 인기인데 말이다.

생명력이 강하다. 필자가 직접 경험한 사실을 소개한다. 학교에 나무심기를 하고 있다고 하니 은행나무 10여 주를 가져다주는데 뿌리에 흙도 없고 보름 이상 방치한 것이라 살 수 있을지 모르겠다는 것이다. 그래도 절반은 살릴 수 있다는 생각에 광동고등학교 체육관 가는 길에 간격을 두고 심었는데 단 한 그루도 죽지 않고 건강하게 잘 자라고 있다.

경기도 양평 용문사 은행나무는 전국의 관광객을 끌어모으는 원조 유명 명품이다. 신라시대 의상스님의 지팡이설화 등이 있는 깊은 역사성과 스토리텔링이 있기 때문이다. 원주시 반계리 은행나무와 인천 장수동 은행나무는 특히 수형이 좋아서 많은 사진작가들과 국민들이 자주 찾는 명소가 되어가고 있다.

특히 반계리 은행나무는 몇 년 전부터 원주시에서 지극 정성으로 관리하고 있어 주위 경관 정리와 주차장, 화장실 등 탐방 여건이 매우 좋아졌다. 나무를 훌륭한 자연문화유산으로 보고 활용하는 지혜로운 모범사례 덕분에 이 땅의 으뜸 은행나무로 유명세를 떨치고 있다.

필자도 매년 11월 초에 원주시 반계리 은행나무를 찾아서 인사를 드리고 있다. 서울시 중앙고등학교 은행나무는 공간 조율이 필요하고 부평초등학교 은행나무도 조금 더 관심을 가질 필요가 있다.

참고자료

대구수목원 이정웅(대구생명의숲 이사장) 학이사 2017

아름다운 숲 전국대회 수상지 안내집(생명의숲)

창원에 계신 나무어르신 박정기 불휘미디어 2022

산림청 학교숲 자료집

사연 있는 나무이야기 서울특별시 2016

생명의숲 홈페이지 학교숲 블로거

숲에서 길을 찾다, 아름다운 숲 2020 생명의숲, 유한킴벌리, 산림청

함께 만들어가는 아름다운 학교숲 1~9 생명의숲

유영만 어디서 살 것인가?(을유문화사, 2018)

고규홍 행복한 나무여행

이 땅의 큰나무 고규홍 눌와 2003